DIANA MEIER-SORIAT

MEIN KRÄUTER-JAHR

Das informative Bullet Journal

· Monat für Monat ·

Bassermann

Inhalts-verzeichnis

Januar & Februar

JETZT GEHT ES LOS MIT PLANUNG UND AUSSAAT

Januar

Termine To DOS ✓	Notizen
1 Neujahr	
2	
3	
4	
5	
6 Hl. 3 Könige	
7	
8	
9	
10	
11	
12	
13	
14	
15	
16	
17	
18	
19	
20	
21	
22	
23	
24	
25	
26	
27	
28	
29	
30	
31	

Februar

Termine To DOS ✓	Notizen
1	
2	
3	
4	
5	
6	
7	
8	
9	
10	
11	
12	
13	
14 Valentinstag	
15	
16	
17	
18	
19	
20	
21	
22	
23	
24	
25	
26	
27	
28	

Nicht vergessen ...

♥

Gieße die Kräuter im Überwinterungsquartier ab und zu, wenn die Erde trocken ist (ca. alle 14 Tage). Es gilt: Je kühler der Raum, umso weniger Wasser brauchen sie. Auf Schädlingsbefall kontrollieren: absammeln und in die Restmülltonne geben.

♥

Mache dir Gedanken über die Beetplanung. Denn in ein paar Wochen geht es los mit der Pflanzung. Dann wäre es gut, wenn klar ist, was wohin soll.

♥

⇨ Altes Saatgut ⇨

kannst du jetzt auf Keimfähigkeit prüfen und notfalls neues Saatgut kaufen.

SAATGUT

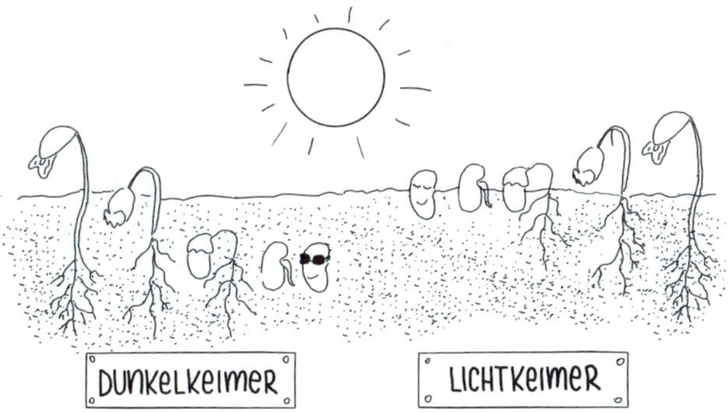

Was gibt's für Unterschiede?

Jeder Samen braucht zur Keimung Wasser, Wärme und Sauerstoff. Aber nicht alle Kräuter wollen es gleich hell während der Keimung.

Lichtkeimer: Die Samen dieser Pflanzen brauchen zur Keimung Licht ➔ nicht oder nur sehr dünn mit etwas Sand bestreuen. Die Samen sind meist sehr klein, zum Beispiel Basilikum, Bohnenkraut, Kamille, Majoran, Salbei, Thymian.

Dunkelkeimer: Die Samen dieser Pflanzen keimen im Dunkeln ➔ mit doppelt so viel Erde bedecken wie der Samen dick ist. Die Samen sind meist relativ groß und schwer, zum Beispiel Borretsch, Koriander und Kapuzinerkresse.

Saatscheiben oder -bänder

Sie haben den Vorteil, dass alle Pflanzen schon im richtigen Abstand wachsen. Man spart sich das Vereinzeln (Pikieren).

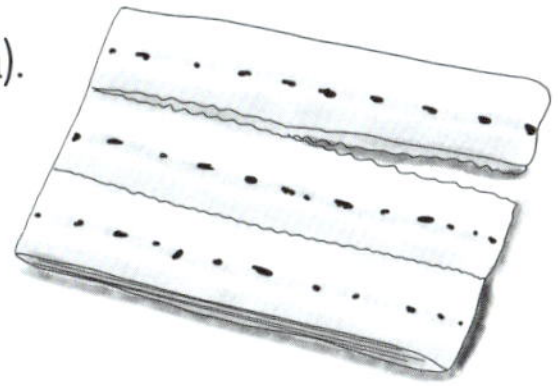

Bei altem Saatgut hilft eine Keimprobe

Lege 10 Samen auf Küchenpapier oder Watte in ein Schälchen oder eine Untertasse. Gut anfeuchten und mit Klarsichtfolie bedecken, damit die Luftfeuchtigkeit hoch bleibt. Ein paar Tage Geduld haben – das ist je nach Art sehr unterschiedlich. Keimen mehr als die Hälfte der Samen, lohnt sich die Aussaat!

AUF DEM WEG ZUM KRÄUTERGARTEN

Kräuter sind pflegeleicht und vielseitig – Wuchs, Größe, Blüten und Duft sind sehr unterschiedlich. Ihre Blätter, Blüten und manchmal auch Samen und Wurzeln lassen sich für die Küche und unsere Gesundheit nutzen. Außerdem sind die meisten Kräuter insektenfreundlich: Ihre Blüten locken Bienen, Hummeln & Co. an.

Beetplanung – die Qual der Wahl

Bevor es losgeht, wäre es gut, wenn du diese Fragen beantworten könntest:

- Wie viel Platz hast du für ein oder mehrere Kräuterbeete? Pro Kräuterbeet kannst du mit 1,20 x 0,80 m planen. Hast du mehr Platz, ist das super, dann kannst du das Beet auch 1,20 x 2 m groß anlegen oder dich für mehrere einzelne Themenbeete entscheiden. Ein windgeschützter Platz, nicht allzu weit weg von der Küche, ist am besten geeignet.
- Welche Kräuter willst du anbauen? Mediterrane Kräuter wie Rosmarin und Thymian lieben volle Sonne, heimische Kräuter wie Minze mögen es lieber halbschattig.

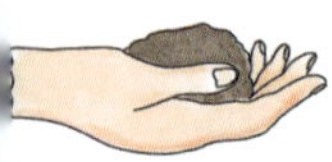

- Wie ist der Boden in deinem Garten? Wenn du etwas Erde in der Hand zerreibst und das fühlt sich bröselig und körnig an, ist dein Boden eher sandig. Sandboden lässt sich nicht kneten und formen. Kannst du ihn kneten und bleibt die Form, hast du es mit lehmigem Boden zu tun.

- Neben klassischen Beeten, kannst du Kräuter auch in Töpfen, Hochbeeten oder in einer ⇨ Kräuterspirale ⇨ anbauen: 3 x 4 m Platz wären dafür gut, damit du noch um die Spirale herumlaufen kannst. Am besten ist ein sonniger Platz. Für mediterrane Kräuter und Hanglagen ist auch eine Trockenmauer geeignet.

Von oben nach unten wird es in der Kräuterspirale immer feuchter ➲ Rosmarin, Thymian & Co. wachsen oben, Schnittlauch und Petersilie weiter unten.

Was tun bei …

… zu lehmigem, verdichtetem Boden?
➲ Sand und Kompost einzuarbeiten ist hier die beste Lösung.
… sehr sandigem, durchlässigem Boden?
➲ Hier hilft es, hochwertige Gartenerde und Kompost einzuarbeiten.

Wer braucht was?

	Pflanze	Wuchs	Sonne	Halbschatten	Boden	Platzbedarf
1	**Dill**	1-jährig	✓		durchlässig, locker, humos	25 cm in der Reihe
2	**Estragon**	mehrjährig	✓		locker, humos, feucht	60 x 60 cm
3	**Majoran**	1-jährig	✓		nährstoffreich, humos, durchlässig, leicht sandig, kalkhaltig	25 x 25 cm
4	**Minze**	mehrjährig	✓	✓	locker, humos, lehmig	breitet sich stark aus!
5	**Petersilie**	2-jährig	✓	✓	feucht, humos, nährstoffreich	25 cm Abstand in der Reihe
6	**Rosmarin**	mehrjährig	✓		locker, sandig, durchlässig	60 x 60 cm
7	**Salbei**	mehrjährig	✓		trocken, durchlässig, locker, nährstoffreich, eher kalkhaltig	40 x 40 cm
8	**Schnittlauch**	mehrjährig	✓		nährstoffreich, feucht, locker, eher kalkhaltig	30 cm Abstand in der Reihe
9	**Thymian**	mehrjährig	✓		durchlässig, locker	30 x 30 cm
10	**Zitronenmelisse**	mehrjährig	✓	✓	durchlässig, humos, locker	50 x 50 cm
11						
12						

Hier ist noch Platz für deine Lieblingskräuter …

Wer wächst wie?

1-jährige Pflanzen brauchen von der Keimung bis zur Samenbildung nur wenige Monate, danach sterben sie ab.

2-jährige Pflanzen wachsen im 1. Jahr, blühen und fruchten aber erst im 2. Jahr.

Mehrjährige Pflanzen treiben jedes Jahr neu aus, bilden Samen, nur die oberirdischen Pflanzenteile sterben im Herbst ab.

MISCHKULTUR

Kräuter, die ähnliche Ansprüche an Boden und Licht haben, fühlen sich nebeneinander meist auch wohl. Manche Kräuter vertreiben Schädlinge oder wirken wohltuend auf andere Pflanzen. Es gibt aber auch Pflanzen, die andere Arten im Wachstum hemmen.

Wer passt gut zusammen?

Kräuter	Gute Nachbarn	Schlechte Nachbarn
Basilikum	Bohnenkraut, Kerbel, Petersilie, Rosmarin	Dill, Zitronenmelisse
Dill	Kerbel, Majoran, Salbei, Schnittlauch	Basilikum, Estragon, Fenchel, Kümmel
Majoran	Bohnenkraut, Borretsch, Dill, Kamille, Kerbel, Petersilie, Salbei	Thymian
Oregano	Bohnenkraut, Salbei	–
Petersilie	Basilikum, Kerbel, Liebstöckel, Majoran, Salbei, Thymian	Koriander
Rosmarin	Basilikum, Bohnenkraut, Fenchel, Koriander, Lavendel	–
Salbei	Bohnenkraut, Dill, Fenchel, Lavendel, Majoran, Petersilie, Salbei, Zitronenmelisse	–
Schnittlauch	Borretsch, Dill, Fenchel, Kamille	Koriander
Thymian	Bohnenkraut, Borretsch, Estragon, Fenchel, Koriander, Lavendel, Petersilie, Salbei, Ysop	Majoran

Platz für deine eigenen Erfahrungen …

TIPP!

Minze pflanzt man am besten einzeln in einen Topf oder in ein Beet mit Rhizomsperre, da sie stark wuchert.

Gut zu wissen

Die TOP 5 für das Gemüsebeet

Diese Kräuter sind perfekt geeignet, um zwischen Gemüsepflanzen zu wachsen:

1. Basilikum schützt Gurken vor Echtem Mehltau. Er hält Weiße Fliegen von Tomaten, Paprika, Zucchini und Fenchel ab.

2. Bohnenkraut ist der optimale Partner für Bohnen – die Schwarze Bohnenlaus mag nämlich kein Bohnenkraut. Auch Salate und Rote Bete profitieren von Bohnenkraut.

3. Dill wirkt stärkend auf Gurken und vertreibt Blattläuse und Kohlweißlinge sowie Möhrenfliegen von Möhren und Zwiebeln.

4. Rosmarin hält Kohlweißlinge von Kohl und Möhrenfliegen von Möhren fern.

5. Thymian vertreibt Läuse, Kohlweißlinge und Schnecken von Salat und Kohlpflanzen.

MUSTERBEETE – 4 GEWINNT

Leeres Beet, was tun? Hier kommen ein paar Ideen,
wie du für unterschiedliche Standorte mit nur je 4 verschiedenen Kräutern
ein Kräuterbeet zaubern kannst:

nährstoffreich & feucht

Klassisches Küchenkräuterbeet

1. Borretsch
2. Petersilie
3. Dill
4. Schnittlauch

Mehrjähriges, mediterranes Beet

1. Berg-Bohnenkraut
2. Salbei
3. Thymian
4. Ysop

sonnig & trocken

VIELFALT für die KÜCHE

Beet im Halbschatten

1. Estragon
2. Kapuzinerkresse
3. Koriander
4. Zitronenmelisse

Balkonkasten für die Südseite

1. Majoran
2. Oregano
3. Rosmarin
4. Thymian

AROMA PUR

SCHÖN & NÜTZLICH – ESSBARE BLÜTEN

Ringelblume

Wuchs: 1-jährig, aufrecht, 30 bis 60 cm hoch.

Blüte: Gelbe oder orangefarbene Körbchenblüten von Mai/Juni bis zum ersten Frost.

Standort: Gut durchlässige Erde.

Anbau & Pflege: Im Spätfrühling direkt ins Beet oder Topf säen. Verblühtes regelmäßig entfernen, nur mäßig düngen, Staunässe vermeiden.

hat geringelte Samen

Ernte & Verwendung: Frische, junge Blätter für Salate; Blüten für Salate, zum Färben von Butter, für Tee, Eierspeisen oder eine wundheilende Salbe.

Borretsch

Wuchs: 1-jährig, aufrecht und buschig, 50 bis 70 cm hoch.

Blüte: Hellblau bis lila, sternförmig, von Mai bis September.

Standort: Feuchter, aber gut durchlässiger Boden, warmer Platz.

Anbau & Pflege: Ab April direkt ins Beet säen (nicht für kleine Töpfe geeignet), später auf mindestens 50 cm Abstand vereinzeln, da die Pflanze 30 x 30 cm Platz braucht.

Ernte & Verwendung: Junge Blätter für Salate, Suppen oder Eierspeisen, Blüten als essbare Deko für Salate und in Eiswürfeln.

Blätter schmecken nach Gurke

Goldmelisse, Indianernessel

Wuchs: Mehrjährig, aufrecht, buschig, ca. 80 cm hoch.

Blüte: Extravagante Lippenblüten von Juni bis Oktober in Weiß, Rosa, Rot oder Lila.

super Bienenweide

Standort: Nährstoffreiche, durchlässige Erde, auch für große Kübel geeignet.

Anbau & Pflege: Im Frühjahr auf der Fensterbank vorziehen oder gekaufte Pflanzen ins Beet setzen. Regelmäßig gießen, im Frühling und bei Mehltau- oder Rostbefall bis knapp über dem Boden zurückschneiden.

Ernte & Verwendung: Blätter und Blüten – frisch oder getrocknet – für Obstsalate und Getränke, Blüten schmecken würzig-minzig-zitronig.

Kapuzinerkresse

Wuchs: 1-jährig, 15 bis 30 cm hoch, wächst kriechend oder rankend mit bis zu 3 m langen Trieben.

Blüte: Juni bis Oktober, gelb, orange oder rot.

Standort: Gut durchlässiger, nicht zu nährstoffreicher Boden, lässt sich auch in Töpfen ziehen.

Anbau & Pflege: Ab Februar/März in Töpfe auf der Fensterbank oder ab April (wenn es nachts über 9 °C hat) direkt ins Beet säen. Verblühtes entfernen. Bei Blattlausbefall kräftig zurückschneiden.

Ernte & Verwendung: Blätter, Blüten und Samen schmecken pfeffrig-scharf, Blätter fein hacken für Salate. Blüten im Ganzen dazugeben, Samen in Essigwasser einlegen (Kapernersatz).

Blattläuse lieben sie leider auch

März

ENDLICH FRÜHLING

März

Termine & To Dos	Notizen
1	
2	
3	
4	
5	
6	
7	
8	
9	
10	
11	
12	
13	
14	
15	
16	
17	
18	
19	
20 FRÜHLINGSANFANG	
21	
22	
23	
24	
25	
26	
27	
28	
29	
30	
31	

Nicht vergessen ...

- *Aussaat auf der Fensterbank.*
- *Kräuter im Winterquartier auf Schädlingsbefall kontrollieren und gießen.*
- *Topfkräuter: Moos und Unkraut aus Töpfen entfernen – sie entziehen unnötig Nährstoffe, die die Kräuter brauchen. Kräuter mit organischem Dünger versorgen.*
- *Halbsträucher in Form schneiden.*
- *Wenn kein Schnee oder Dauerfrost mehr in Sicht ist: Winterschutz bei Kräutern im Beet entfernen und abgestorbene Teile abschneiden.*

HAUPTSAISON FÜR DIE KRÄUTERANZUCHT

Jetzt geht es los!

Viele Kräuter kannst du ab März auf der Fensterbank aussäen, also vorziehen. Spätestens Mitte Mai ist es dann draußen warm genug und du kannst sie ins Kräuterbeet oder auf den Balkon pflanzen.

Was sind die häufigsten Fehler bei der Anzucht?

1. Zu wenig Licht – Keimlinge brauchen viel Licht, um sich optimal zu entwickeln.
2. Zu wenig Wasser – die Saaterde darf nicht austrocknen, sonst kann der Samen nicht keimen.
3. Zu viel Wasser – hat das Gefäß keine Löcher und/oder wird nicht gelüftet, kann sich Schimmel bilden.
4. Samen, die zu den Lichtkeimern gehören, wurden mit Erde bedeckt und umgekehrt – falsche Bedingungen erschweren die Keimung.

AUSSAAT AUF DER FENSTERBANK

Das brauchst du:

- Samen
- Saubere Aussaatschale. Töpfe, Joghurtbecher oder Obst- und Gemüseschalen aus Kunststoff tun's auch. Wichtig ist, dass das Aussaatgefäß auf der Unterseite Löcher hat, damit es nicht zu Staunässe kommt. Wenn keine vorhanden sind, dann kannst du mit einer Schere den Boden einschneiden oder Löcher hineinbohren.
- Spezielle Aussaaterde ist am besten geeignet. Sie ist nährstoffarm.
- Sprühflasche
- Abdeckung: Kunststoffhaube, Glasplatte oder Klarsichtfolie

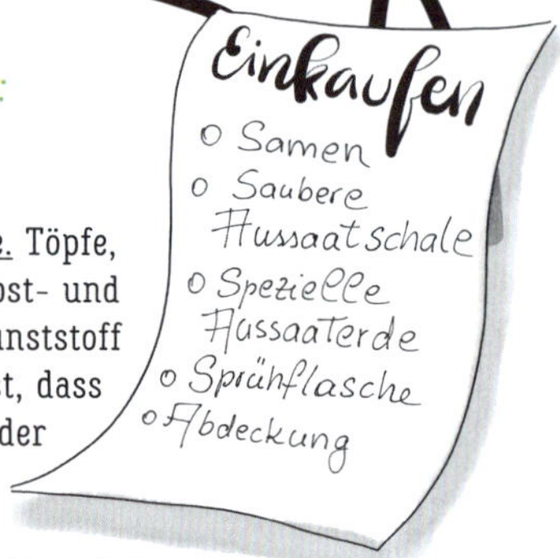

Kräuter für die Voranzucht

	Pflanze	Keimdauer in Tagen	Lichtkeimer	Dunkelkeimer
1	**Basilikum**	10–15	✓	
2	**Dill**	15–25	✓	
3	**Koriander**	12–15		✓
4	**Majoran**	15–25	✓	
5	**Minze**	10–15	✓	
6	**Oregano**	10–25	✓	
7	**Petersilie**	20–40		✓
8	**Thymian**	10–15	✓	
9	**Ysop**	15–20	✓	
10	**Zitronenmelisse**	15–30	✓	
11				
12				

Hier ist noch Platz für deine Lieblingskräuter …

So geht's!

1.

Aussaatgefäß mit Erde füllen, glatt andrücken und gut wässern.

2.

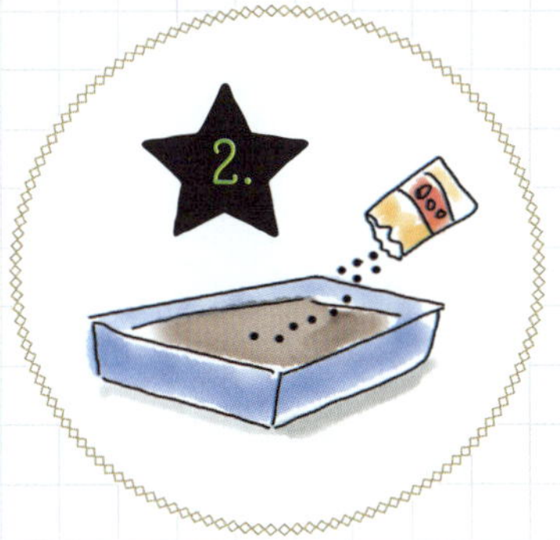

Samen gleichmäßig auf der Erde verteilen.

3.

Dunkelkeimer-Samen dünn mit Substrat oder Sand bedecken oder übersieben – Lichtkeimer nur andrücken.

4.

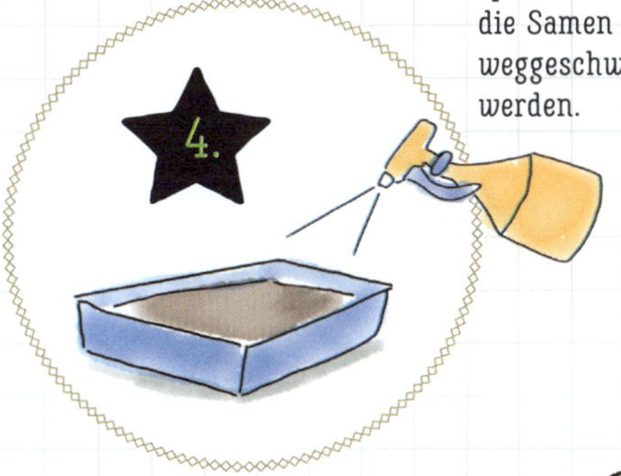

Vorsichtig besprühen, damit die Samen nicht weggeschwemmt werden.

5.

Aussaatgefäß mit einer durchsichtigen Abdeckung bedecken – als Verdunstungsschutz.

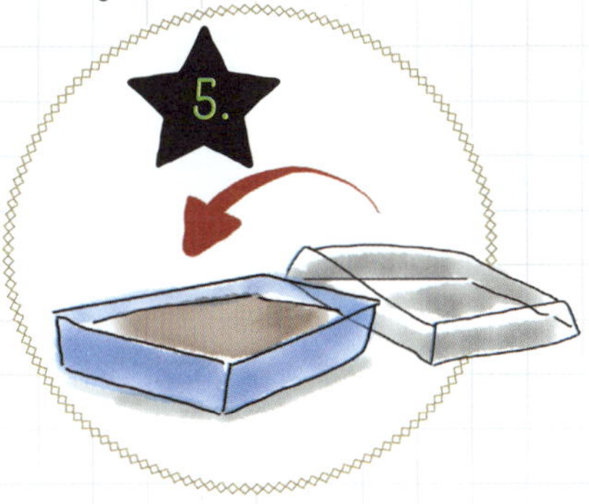

6.

Auf die helle Fensterbank stellen. Optimal wäre, wenn die Temperatur gleichmäßig warm ist (zwischen 18 und 20 °C).

⇨ Beschriften. ⇨

7.

Die Saaterde darf nicht austrocknen!

In den nächsten Tagen möglichst täglich lüften und gleichmäßig feucht halten – am besten alle 3 bis 4 Tage mit abgestandenem Wasser einsprühen.

8.

Und jetzt: Ein bisschen Geduld haben.

UND WAS IST DRAUSSEN JETZT ZU TUN?

Rückschnitt!

Wer mehrjährige Kräuter im Garten hat, die zum Teil verholzen, der sollte im März oder April, wenn nicht mehr mit Dauerfrost zu rechnen ist, zur Schere greifen und die Pflanzen kräftig zurückschneiden. Am besten an einem frostfreien, trockenen, nicht zu sonnigen Tag. Dann treiben die Halbsträucher bald schön buschig aus.

Das ist zu beachten:

1. Scharfe, saubere Gartenschere verwenden.

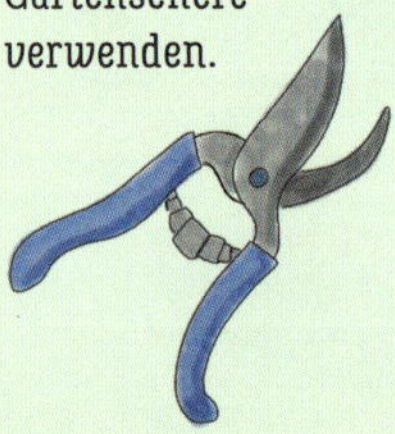

2. Erfrorene und kranke Zweige entfernen.

3. Totes Holz direkt über dem Boden abschneiden (Als Test Rinde abkratzen: Wenn es darunter grünlich schimmert, lebt der Ast noch).

4. Wenn die Pflanze zu dicht ist, ganze Zweige herausschneiden.

5. Pflanze um etwa ein Drittel einkürzen, um sie zu verjüngen. Dabei aber nicht bis in bereits verholzte Pflanzenteile schneiden.

Diese Kräuter brauchen einen Rückschnitt

- Currykraut
- Lavendel
- Salbei
- Thymian
- Ysop

Platz für deine eigenen Beobachtungen und Notizen

LIEBLINGSKRÄUTER FÜR DIE KÜCHE

Schnittlauch

Wuchs: Mehrjähriges Zwiebelgewächs mit röhrenförmigen Blättern, bis zu 30 cm hoch, wächst in Horsten.

Blüte: Violett bis lila, kugelig, Juni bis August, lockt Bienen und andere Insekten an.

Standort: Nährstoffreiche, feuchte Erde.

Anbau & Pflege: Im Frühling aussäen oder pflanzen. Regelmäßig wässern. Nach der Blüte zurückschneiden für neuen Austrieb. Von Rostpilzen befallene Blätter entfernen (Restmüll).

Ernte & Verwendung: Frische Blätter ab April bodennah abschneiden für Salate, Suppen, Kräuterbutter, Quark und Saucen, Blüten im Sommer als essbare Deko.

nicht mitkochen – Aromaverlust!

Petersilie

Wuchs: 2-jährig, buschig, Blätter bis zu 40 cm hoch, Blütenstiele im 2. Jahr bis zu 1 m hoch. Blätter glatt oder kraus – je nach Sorte.

Blüte: Unscheinbare gelbgrüne Dolden im Juli/August des 2. Jahres.

Standort: Feuchte, humusreiche Erde.

Anbau & Pflege: Aussaat ab März bis Juli direkt ins Beet. Nicht mehrere Jahre hintereinander am selben Platz anbauen. Regelmäßig gießen.

Ernte & Verwendung: Blätter nach Bedarf ernten, klassisches Würzkraut für Gemüse, Suppen, Salate, kann mitgekocht und eingefroren werden.

lässt sich gut einfrieren

Basilikum

<u>Wuchs:</u> 1- oder mehrjährig, je nach Art und Sorte, buschig, stark verzweigt, 30 bis 60 cm hoch.

<u>Blüte:</u> Juli bis September in Weiß bis Rosa.

<u>Standort:</u> Gut durchlässige Erde, windgeschützter Platz, direkte Mittagssonne wird nicht gut vertragen.

<u>Anbau & Pflege:</u> Aussaat ab März auf der Fensterbank, ab Mai direkt ins Beet. Auf gleichmäßige Wasserversorgung von unten achten, Triebspitzen abknipsen – das sorgt für einen buschigeren Wuchs.

<u>Ernte & Verwendung:</u> Blätter vor der Blüte laufend ernten, nur frisch verwenden, nicht trocknen.

nicht mitkochen – Aromaverlust!

Thymian

<u>Wuchs:</u> Mehrjährig, je nach Art aufrecht bis zu 40 cm hoch oder kriechend, immergrüne Blätter, im unteren Teil verholzend.

beliebte Bienenpflanze

<u>Blüte:</u> Sehr kleine, weiße, hell- oder dunkelrosafarbene Lippenblüten.

<u>Standort:</u> Gut durchlässiger Boden, Staunässe wird nicht vertragen, nur sparsam düngen.

<u>Anbau & Pflege:</u> Im Frühjahr auf der Fensterbank aussäen, im Frühjahr und Spätsommer zurückschneiden.

<u>Ernte & Verwendung:</u> Blätter das ganze Jahr, zum Trocknen oder Einlegen in Öl kurz vor der Blüte ernten. Mediterranes Küchen- und Heilkraut. Es gibt Arten und Sorten mit unterschiedlichsten Aromen, zum Beispiel Zitrone oder Kümmel.

April

Weiter geht es mit Aussaat & Pflanzung

April

Termine & To Dos	Notizen
1	
2	
3	
4	
5	
6	
7	
8	
9	
10	
11	
12	
13	
14	
15	
16	
17	
18	
19	
20	
21	
22	
23	
24	
25	
26	
27	
28	
29	
30	

Nicht vergessen ...

- *Selbst ausgesäte Pflanzenkinder vereinzeln und umpflanzen.*
- *Kräuterbeet neu anlegen und Boden vorbereiten.*
- *Robuste Kräuter direkt ins Beet säen.*
- *Mehrjährige Kräuter ins Beet pflanzen.*
- *Überwinterte Kräuter aus dem Winterquartier nach draußen räumen.*

So sieht ein Keimling aus

Sobald die im März ausgesäten Keimlinge nach den Keimblättern das nächste echte Laubblattpaar entwickelt haben, wird es meist zu eng im Aussaatgefäß – die jungen Pflanzen brauchen mehr Platz, sonst behindern sie sich gegenseitig.

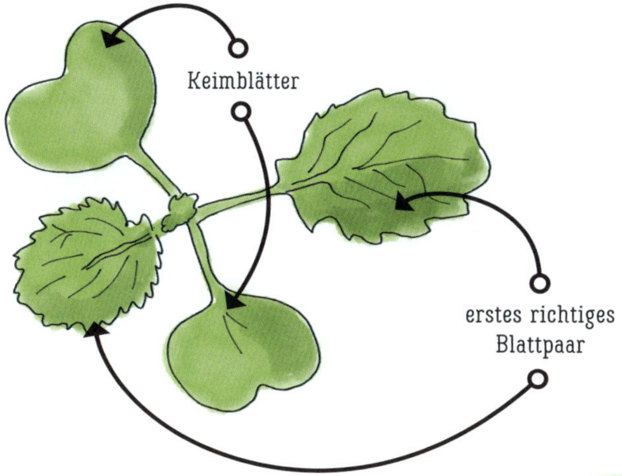

TIPP!

Winter ade!

Draußen kann der Winterschutz entfernt werden. Und frostempfindliche Kräuter wie Rosmarin, Zitronenstrauch und Fruchtsalbei-Arten kannst du ab Mitte April in den meisten Gegenden schon ins Freie räumen, wenn kein Dauerfrost mehr angesagt ist. Stell sie aber nicht gleich in die pralle Sonne. Bei Spätfrost abdecken oder über Nacht reinstellen!

Wichtig:

Alle 2 bis 3 Jahre freuen sich die Topfkräuter, wenn sie einen neuen, etwas größeren Topf und frische Erde bekommen.

JUNGPFLANZEN VEREINZELN ODER IN TÖPFE UMPFLANZEN

Das brauchst du

- Pikierstab oder Schaschlik-Spieß
- Kräutererde
- Töpfe oder Schalen
- Etiketten zum Beschriften
- Stift

So geht's!

1

Substrat locker in die neuen Gefäße einfüllen. Mit dem Pikierstab oder Schaschlik-Spieß langsam unter einen gesund und gut aussehenden Keimling stechen und ihn vorsichtig aus der Erde hebeln.

2

Falls du mehrere Keimlinge erwischst: vorsichtig trennen. Lange Wurzeln mit dem Finger abknipsen, um sie einzukürzen.

3

Mit einem Finger oder dem Pikierstab ein Loch in die Erde drücken und den Keimling vorsichtig einsetzen, ohne ihn dabei zu verletzen.

4

Nur leicht andrücken, damit das Pflänzchen fest steht. Zwischen den Pflanzen sollte etwa 2 bis 3 cm Platz sein. Gründlich und vorsichtig angießen.

Und so geht's weiter

Etiketten mit dem Pflanzennamen anfertigen – in ein paar Tagen hast du sonst vielleicht vergessen, was du alles pikiert hast. Gefäße bis Anfang oder Mitte Mai zurück auf die Fensterbank stellen. Nicht austrocknen lassen, aber auch nicht ertränken!

KRÄUTERBEETE VORBEREITEN FÜR AUSSAAT UND PFLANZUNG

1.

Boden lockern, zum Beispiel mit einer Grabegabel.

2.

Kompost einarbeiten, bei schweren Böden auch etwas Sand.

3.

Beete mit einem Rechen fein harken und einebnen.

4.

Bei Bedarf Reihen ziehen, zum Beispiel für Petersilie oder Schnittlauch.

Direktsaat ins Beet

Eine ganze Reihe von Kräutern kann jetzt auch schon direkt ins Beet gesät werden, wenn sich die Erde bereits erwärmen konnte. Ideal ist natürlich auch ein ***Frühbeetkasten****, falls du so etwas hast.*
Die Kräuter werden breitwürfig oder in Reihen auf die vorbereiteten Beete gestreut und angedrückt (Lichtkeimer) bzw. mit etwas Erde bedeckt (Dunkelkeimer).

Ganz wichtig:
Vorsichtig, aber gründlich angießen und in den nächsten Tagen bis Wochen feucht halten.

Kräuter für die Direktsaat

	Lichtkeimer	**Dunkelkeimer**
1- und 2-jährige Kräuter	Bohnenkraut, Dill, Gartenkresse, Gewürzfenchel, Kerbel, Ringelblume	Borretsch, Koriander, Petersilie
mehrjährige Kräuter	Estragon, Oregano, Zitronenmelisse	Schnittlauch

Kalte Nacht?

Falls doch noch die eine oder andere Spätfrostnacht droht, deckst du am besten ein Vlies oder eine Folie über die Beete.

TAUSCHEN MACHT FREUDE

Wenn man noch wenig Erfahrung hat, ist es am besten, seine Pflanzen im Gartenfachhandel oder bei Kräutergärtnern zu kaufen. Aber wer schon ein bisschen mehr weiß, der wird Freude auf einer Pflanzentauschbörse haben.

Die Pflanzentauschbörsen finden im Frühling überall statt: bei Obst- und Gartenbauvereinen, in Gemeinschaftsgärten, in Botanischen Gärten, auf Gartenmessen usw., sicher auch bei dir in der Nähe. Dort kannst Du mehrjährige Kräuter, bekannte und besondere Arten und Sorten, tauschen oder günstig erstehen. Aber nicht nur das: Man kommt auch sofort ins Gespräch und kann mit den anderen „Kräuterverrückten" Erfahrungen austauschen.

Kaufen statt tauschen: gute Gärtnereien mit Online-Shop

- www.kraeuter-und-duftpflanzen.de
- www.naturkraeutergarten.de
- www.gaissmayer.de

Gesund & munter

Wenn du Jungpflanzen kaufen oder tauschen willst, schau dir die Pflanze vorher gut an.

So sieht optimale Qualität aus

AB IN DIE ERDE!

Die neu erstandenen Pflanzen sollten möglichst bald in die Erde, damit sie weiterwachsen können. Bis dahin solltest du sie nur stundenweise in die Sonne stellen, um sie abzuhärten und langsam daran zu gewöhnen. Gießen nicht vergessen!

So geht's!

1. Kräuter auf dem vorbereiteten Beet aufstellen und verteilen. Nicht zu eng pflanzen: spätere Größe und Platzbedarf bedenken.
2. Mit einer kleinen Pflanzschaufel Löcher ausheben.
3. Die Kräuter so tief in die Erde setzen, wie sie auch im Topf standen.

Diese **Kräuterjungpflanzen** kannst du jetzt schon direkt ins Beet setzen:

- Currykraut
- Estragon
- Heiligenkraut
- Lavendel
- Liebstöckel
- Oregano
- Pfefferminze (in große Kübel)
- Salbei
- Thymian
- Zitronenmelisse

4. Zwischenräume mit Erde auffüllen.

5. Pflanzen fest andrücken, damit alle Wurzeln guten Kontakt zur Erde haben.

6. Gut wässern – auch in der nächsten Zeit.

7. Falls Frostnächte angesagt sind, hilft ein Vlies oder eine Folie, die nachts über das Beet gelegt wird.

HÜBSCH & PRAKTISCH – GRÜNE BEETEINFASSUNG

Man kann Kräuter natürlich einfach so ins Beet pflanzen oder ein paar Steine als Beetrand verwenden, aber noch schöner ist eine lebendige, duftende kleine Hecke.

Die Pflanzung erfolgt wie schon beschrieben. Damit die Einfassung am Ende gerade verläuft, hilft es, eine Schnur oder lange Stäbe aufs Beet zu legen – so tanzt dann niemand aus der Reihe.

Mach mehr aus deinen Kräutern!

Falls du ältere mehrjährige Kräuter im Garten hast, kannst du sie jetzt vermehren durch:

1. Teilung

Wurzelstock ausgraben, mit dem Spaten teilen, wieder einpflanzen
➔ Zitronenmelisse, Liebstöckel, Minze, Schnittlauch, Spitzwegerich, Schafgarbe

2. Absenker

Boden um die Pflanze lockern, einen gesunden, nicht zu stark verholzten Trieb im unteren Bereich wählen, Blätter und Seitentriebe außer an der Triebspitze entfernen, eine ca. 10 cm tiefe Rille ausheben und den Trieb darin mit einem gebogenen Draht fixieren, Triebspitze an einem aufrechten Stab festbinden, Rille mit Erde füllen, ein paar Wochen warten, bis sich Wurzeln gebildet haben, dann den Absenker von der Mutterpflanze trennen, ausgraben und an einem neuen Platz einpflanzen.
➔ Rosmarin, Salbei, Thymian, Minze, Lavendel

HEILKRÄUTER AUS DEM EIGENEN GARTEN

Schafgarbe

Wuchs: Mehrjährig, aufrecht, 50 bis 80 cm hoch, fein gefiederte Blätter.

Blüte: Cremeweiße oder hellrosa Blütendolden von Juni bis Oktober.

beliebte Bienenpflanze

Standort: Nahrhafter Boden.

Anbau & Pflege: Im Frühjahr direkt ins Beet säen, nicht austrocknen lassen. Vermehrung auch über Wurzelteilung im Herbst.

Ernte & Verwendung: Blühendes Kraut im Sommer für Tee – frisch oder getrocknet: wirkt entzündungshemmend, krampflösend, verdauungsfördernd.

Kamille

Wuchs: 1-jährig, bis zu 60 cm hoch, locker aufrecht wachsend, stark verzweigt.

Blüte: Weiß-gelbe Körbchenblüten von Mai bis Juli. Merkmal: hohler Blütenboden.

duften ganz intensiv

Standort: Nährstoffarmer, leichter, trockener Boden.

Anbau & Pflege: Im Frühjahr direkt ins Beet säen. Anspruchslos. Sät sich leicht selbst aus.

Ernte & Verwendung: Blüten im Sommer ernten und an einem luftigen, schattigen Platz trocknen. Ein Tee aus frischen oder getrockneten Blüten lindert Magenprobleme und Schleimhautentzündungen: wirkt wundheilend, entzündungshemmend, beruhigend.

Spitzwegerich

Wuchs: Mehrjährig. Lange, schmale Blätter wachsen aus einer Rosette, bis zu 30 cm hoch.

Blüte: Kleine, längliche, bräunlich-weiße Ähren von April bis September.

Standort: Trockener Boden.

Anbau & Pflege: Aussaat im Frühjahr direkt ins Beet, Vermehrung durch Teilung im Herbst, Geringer Wasser- und Düngerbedarf.

Ernte & Verwendung: Junge Blätter bei Bedarf. Ein Tee wirkt gegen Entzündungen der oberen Luftwege (Halsweh, Husten), bei Insektenstichen mehrere Blätter in der Hand verreiben und den Pflanzensaft auf den Stich streichen.

die Blätter schmecken auch im Salat

Lavendel

Wuchs: Mehrjähriger, aufrechter Halbstrauch, ca. 60 cm hoch.

Blüte: Lilablau, von Juni bis August.

Standort: Nährstoffreicher, humoser, durchlässiger Boden, wächst auch im Topf gut.

Anbau & Pflege: Im Frühjahr mit Kompost versorgen und in Form schneiden – nicht bis ins alte Holz zurückschneiden. Verblühtes im Herbst entfernen. Bis -15 °C winterhart, meistens leidet er im Winter unter der Nässe.

Ernte & Verwendung: Blätter vor der Blüte ernten und Blüten, sobald sie sich öffnen. Frisch oder getrocknet verwenden. Lavendel wirkt beruhigend und entspannend, hilft bei Kopfschmerzen. Der Duft vertreibt Mücken und Fliegen.

beliebte Bienenpflanze

TIPP!

Lecker & gesund

- Thymian
- Salbei
- Rosmarin
- Zitronenmelisse
- Pfefferminze

NACHHALTIGER BALKONKASTEN – JETZT PFLANZEN, JAHRELANG GENIESSEN

Kräuter und Gewürzpflanzen kannst du auch gut auf dem Balkon anbauen. Wenn du bei der Pflanzenauswahl auf robuste, mehrjährige Arten und Sorten und auf frostfeste Gefäße achtest, können sie sogar draußen überwintern. Du kannst die Pflanzen zusammen in einen ca. 1 m langen Balkonkasten pflanzen oder einzeln in Kübel setzen.

Einkaufsliste für einen sonnigen Balkon

- Kriechendes Berg-Bohnenkraut: kleine weiße Lippenblüten im Spätsommer und Frühherbst
- Griechischer Oregano: kleine weiße Blüten von Juli bis September
- Zwerg-Thymian 'Compactus': blüht im Sommer hellviolett
- Dalmatinischer Gewürz-Salbei 'Major': blauviolette Blüten im Hochsommer
- Zwerg-Ysop: blaue Blüten im Hochsommer

Bienen werden diesen Kasten lieben

Geling-Tipps für Kräuter in Töpfen & Kübeln

- Die Gefäße brauchen ein Loch im Boden, damit zu viel Regen oder Gießwasser abfließen kann. Staunässe bringt die Kräuter um.
- Unten auf den Boden kommt eine Schicht als Drainage, zum Beispiel Tonscherben, Kies oder Blähton.
- Mische das Substrat mit etwas Sand und Kies, die links genannten Pflanzen mögen es mager und durchlässig (anders als Petersilie, Schnittlauch oder Dill).
- Regelmäßig ernten – das sorgt für einen buschigen, kompakten Wuchs.
- Im Spätwinter oder Frühjahr etwas stärker zurückschneiden, damit die Kräuter gut ins nächste Jahr starten können.

Platz für deine eigenen Notizen

Mai
ALLES WÄCHST

Mai

Termine & To Dos	Notizen
1 TAG DER ARBEIT	
2	
3	
4	
5	
6	
7	
8	
9	
10	
11 EISHEILIGE	
12	
13	
14	
15	
16	
17	
18	
19	
20	
21	
22	
23	
24	
25	
26	
27	
28	
29	
30	
31	

Nicht vergessen ...

- Mitte Mai dürfen endlich wirklich alle Pflanzen nach draußen.
- Falls noch nicht geschehen: Beete bepflanzen.
- Lücken im Beet? Einjährige Kräuter lassen sich jetzt noch gut nachsäen – einfach direkt in die Lücken aussäen: Borretsch, Dill, Kapuzinerkresse, Kerbel, Ringelblume, Rucola und Sommer-Bohnenkraut.
- Topfkräuter düngen oder die oberste Erdschicht durch Kompost ersetzen.
- Beim Umtopfen kannst du unten in den Topf eine gute Handvoll Kompost geben.
- Im Mai steht Pflege auf dem Programm: gießen, düngen, hacken, jäten, mulchen.
- Schnecken absammeln oder bekämpfen.
- Erste Kräuter ernten. 🙂

AB NACH DRAUSSEN!

Jetzt dürfen auch mehrjährige, frostempfindliche Topfkräuter in den Garten wandern – entweder neu gekauft oder drinnen überwintert.

Frostempfindliche Kräuter für Töpfe & Kübel

Pflanze	Blüte	Wuchs	Verwendung
Duft-Geranien	weiß, rosa	buschig, je nach Art und Sorte unterschiedlich, 20 bis 80 cm	intensives Blattaroma je nach Art und Sorte für Getränke und Süßspeisen (nach der Zubereitung wieder entfernen)
Frucht-Salvien	rosa, rot, blau	je nach Art und Sorte unterschiedlich, 40 bis 150 cm	Blätter mit verschiedenen Fruchtaromen für Getränke und Süßspeisen
Lorbeer	weiß	bis zu 250 cm im Topf, aufrecht, strauchartig	Blätter für Suppen, Eintöpfe, Fleisch, Fisch
Strauch-Basilikum 'African Blue'	rosa-violett	70–100 cm, aufrecht buschig, verholzend, Blätter mit roten Blattadern	intensives Blattaroma für die mediterrane Küche
Süßkraut, Stevia	unscheinbar weiß	30–60 cm, buschig	frische Blätter sind extrem süß, natürlicher, kalorienfreier Zuckerersatz
Zitronengras	blüht bei uns nicht	100–120 cm, horstig wachsendes Gras	junge Halme mit Zitrusaroma für Tee und asiatische Gerichte
Zitronenstrauch, Zitronenverbene	weiß bis hellrosa	bis zu 150 cm im großen Kübel, aufrecht strauchig	Blätter und Blüten mit intensivem Zitrusaroma für Tee und Süßspeisen

vorsichtig dosieren!

TIPP!

Schöne Steine ...

... sind eine super Deko fürs Kräuterbeet. Außerdem speichern sie Wärme, die sie abends und nachts langsam wieder abgeben – das mögen die meisten Kräuter.

DEN GARTEN HEGEN & PFLEGEN …

… damit alles schön wächst und gesund bleibt.
Das sind die wichtigsten Arbeiten:

Das Gieß-1x1

Bei trockenem Wetter ist ein bisschen Nachhelfen angesagt. Am besten morgens oder notfalls abends. Nicht mittags, die Sonneneinstrahlung könnte zu Verbrennungen führen. Lieber weniger oft durchdringend gießen als öfters nur oberflächlich. Die Wurzeln sollen lernen, nach unten zu wachsen.

Düngen, denn auch Kräuter haben Hunger

Eine stickstoffbetonte, organische Düngung lässt die Pflanzen wachsen. Gut einarbeiten und angießen oder gleich einen Flüssigdünger verwenden.
Aber Vorsicht: Bei zu viel Stickstoff leidet das Aroma.

Boden lockern & hacken

Einmal hacken spart dreimal gießen. Lockert man nach einem starken Regenguss den Boden, kann das Wasser besser eindringen. Das Auflockern sorgt auch dafür, dass das Wasser aus dem Boden weniger schnell verdunsten kann.

Jäten – unerwünschte Pflanzen entfernen

Unkraut gibt es ja eigentlich nicht, aber doch zumindest unerwünschte Wildkräuter wie Löwenzahn, Giersch, Franzosenkraut oder Vogelmiere. Diese Kräuter nehmen unseren Küchenkräutern Wasser und Nährstoffe weg, daher solltest du sie entfernen – je eher, desto besser!

Mulchen – was hat es damit auf sich?

Eine dünne, maximal 5 cm dicke Schicht aus Rindenmulch oder Holzhäckseln schützt vor unerwünschten Beikräutern und hält mehr Feuchtigkeit im Boden. Bei starkem Schneckenbefall sollte die Mulchschicht möglichst dünn sein.

WAS BRINGT DIE SCHNECKE UM DIE ECKE?

Wenn es feucht ist, kommen sie nachts in Scharen aus ihren Verstecken und freuen sich über einen reich gedeckten Tisch. Sie lieben Salate, aber auch viele Blumen und Kräuter. Aber sie ernähren sich auch von abgestorbenen Pflanzenteilen, das ist dann sogar nützlich.

Das hilft, die Schnecken zu reduzieren und in Schach zu halten:

Schnecken-Leibspeisen wie Basilikum pflanzt man besser in Töpfe, da kommen Schnecken nicht ganz so leicht ran.

Nur morgens gießen, damit der Garten bis abends abtrocknet. Trockene Flächen und Pflanzen mögen Schnecken nicht so gerne.

Im Frühjahr alte Mulchdecken entfernen, darin befinden sich oft Schneckeneier.

Den Boden regelmäßig mit einem Grubber oder einer Hacke bearbeiten, damit es keine Hohlräume gibt, in denen sich die Schnecken gerne verstecken. Lehmigen Boden mit Sand und Kompost verbessern.

Schneckenzäune aus dem Fachhandel können auch helfen. Sie müssen lückenlos aneinanderstoßen und mehr als 5 cm tief in den Boden reichen.

Das schmeckt Schnecken nicht!

- Duft-Geranie
- Eisenkraut
- Kapuzinerkresse
- Schafgarbe
- Schnittlauch

TIPP!

Auch Schnecken haben Feinde: Natürliche Unterschlupfmöglichkeiten für Erdkröten und Igel, z. B. Stein-, Laub- und Totholzhaufen, lassen sich gut in den Garten integrieren.

Schneckenkorn auf Eisen-III-Phosphat-Basis ist im Bioanbau zugelassen, es schadet anderen Tieren nicht. Bring es früh im Jahr aus. Nicht zu sparsam! Die Schnecken müssen viel davon verzehren, bis es dazu führt, dass sie verenden.

Am effektivsten: Absammeln! Am besten pflanzt du an den Beetrand ein paar Studentenblumen *(Tagetes)* – die Schnecken lieben sie. Daneben legst du ein altes Holzbrett. Nachts werden die Schnecken sich darunter verstecken und du kannst sie morgens bequem absammeln und in der Natur aussetzen.

AUS EINS MACH VIELE – KRÄUTER AUS STECKLINGEN VERMEHREN

Mehrjährige Kräuter kann man (fast) nie genug haben. Über Stecklinge lassen sie sich jetzt gut vermehren. Die neuen Pflanzen gleichen exakt der Mutterpflanze. Diese Art der Vermehrung nennt man vegetative Vermehrung.

So geht's!

1. Töpfe oder eine Aussaatschale mit nährstoffarmer, torffreier Erde, zum Beispiel Aussaaterde, füllen, andrücken und gut wässern.

2. Kopfstecklinge mit einem scharfen Messer schneiden, möglichst nicht quetschen. Kopfstecklinge sind kräftige, aber nicht verholzte, weiche Triebspitzen von gesunden Zweigen mit 3 bis 4 Blattpaaren, ohne Blüten.

am besten morgens

3. Die unteren 2 Blattpaare entfernen. Große Blätter halbieren, damit nicht zu viel Wasser verdunstet.

TIPP!

Kräuter für die Stecklingsvermehrung

- Berg-Bohnenkraut
- Minze
- Rosmarin
- Thymian
- Estragon
- Oregano
- Salbei

4. Die Stecklinge so rasch es geht aufrecht in die Erde stecken und vorsichtig andrücken, damit sie Bodenkontakt haben.

5. Mit Wasser besprühen.

6. Mit beschrifteten Etiketten versehen.

7. Mit einer Abdeckung aus Glas, Kunststoff oder Folie zudecken (wie bei der Aussaat auf der Fensterbank), damit die Luftfeuchtigkeit hoch bleibt.

8. Die Gefäße an einen hellen und warmen Platz stellen. Direkte Sonne vermeiden. Regelmäßig besprühen.

9. Nach ein paar Wochen sollten die Stecklinge Wurzeln gebildet haben und können jeden Tag ein wenig gelüftet werden. Nach einer weiteren Woche kann man sie rauspflanzen.

ERSTE ERNTEN – WAS, WANN, WIE?

Was?

Die Blätter dieser Kräuter kannst du jetzt schon ernten, Hauptsache, sie sind gesund. Aber ernte immer nur einen Teil, damit sich die Pflanze erholen kann.

- Estragon
- Minze
- Oregano
- Salbei
- Schnittlauch
- Thymian
- Ysop
- Zitronenmelisse
- Zitronenstrauch

Wann?

Laufend, vor der Blüte – einfach nach Bedarf ernten, wenn dir danach ist!

Wie?

Mit der Hand abzwicken oder mit einer sauberen, scharfen Schere abschneiden. Bei Minze, Schnittlauch, Zitronenmelisse oder Oregano kannst du ganze Triebe direkt über dem Boden abschneiden, sie treiben dann wieder stark aus. Bei den anderen Kräutern aus der Liste schneidest du jetzt nur einzelne Triebe oder Blätter ab. Die große Ernte erfolgt hier erst kurz vor der Blüte.

MMMMH LECKER

Eigentlich schmecken die Kräuter frisch am besten – wie wäre es mit einem Butterbrot mit Schnittlauch, einem Salat mit Estragon, einer Limo mit Minze, Zitronenstrauch und Melisse oder einer Tomatensauce mit Oregano, Salbei, Thymian und Ysop?

Hier kommen 3 einfache Rezepte:

Kräuterbutter – zu Brot oder Grillfleisch

Gemischte gehackte Kräuter und zimmerwarme Butter zu gleichen Teilen verrühren. Mit Knoblauch, Salz und Pfeffer abschmecken.

Kräuterquark – zu Pellkartoffeln

Quark mit Milch cremig rühren, frisch gehackte Kräuter unterheben. Mit Zitronensaft, Salz und Pfeffer abschmecken.

Pesto – zu Nudeln

<u>100 g Kräuter</u>
z. B. Basilikum, aber auch Kerbel, Rucola, Petersilie, Oregano oder etwas Zitronenmelisse oder Thymian können dazugemischt werden.

<u>2 Knoblauchzehen</u>
2 große oder 4 kleine

<u>50 g Pinienkerne</u>
Sonnenblumenkerne, Mandeln oder Walnüsse gehen auch.

<u>50 g Parmesan</u>

<u>100 ml Olivenöl</u>

<u>Salz, Pfeffer, Zitronensaft</u>

So geht's!

Alle Zutaten grob hacken und dann im Mixer fein pürieren. Mit Salz, Pfeffer und etwas Zitronensaft abschmecken. Wenn die Masse noch nicht cremig genug ist, noch einen Schuss Olivenöl dazugeben.

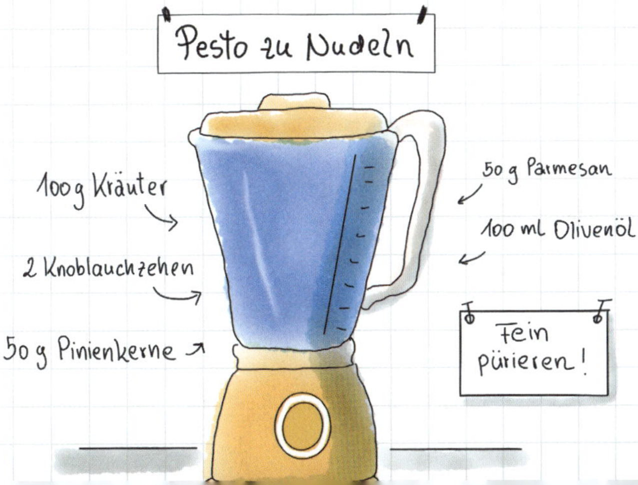

Juni

Zeit für die erste große Ernte

Juni

Termine & To DOS	NOTIZEN
1	
2	
3	
4	
5	
6	
7	
8	
9	
10	
11	
12	
13	
14	
15	
16	
17	
18	
19	
20	
21	
22	
23	
24	
25	
26	
27	
28	
29	
30	

Nicht vergessen ...

- *Blattkräuter vor der Blüte ernten oder Blüten ausbrechen, um das Blattwachstum anzuregen.*
- *Kräuter nach der ersten Ernte zurückschneiden, um einen neuen Austrieb zu fördern und die Erntezeit zu verlängern – vor allem bei Kräutern mit weichen Blättern.*
- *Folgeaussaaten: Einjährige Kräuter nach der Ernte nochmal aussäen.*
- *Pflanzen auf Schädlinge kontrollieren und befallene Pflanzenteile abschneiden und über den Hausmüll entsorgen.*

NACH DER ERNTE

Jetzt zurückschneiden

- Liebstöckel
- Minze
- Schnittlauch
- Zitronenmelisse

Jetzt nochmal aussäen

- Dill
- Gartenkresse
- Kerbel
- Ringelblume
- Rucola

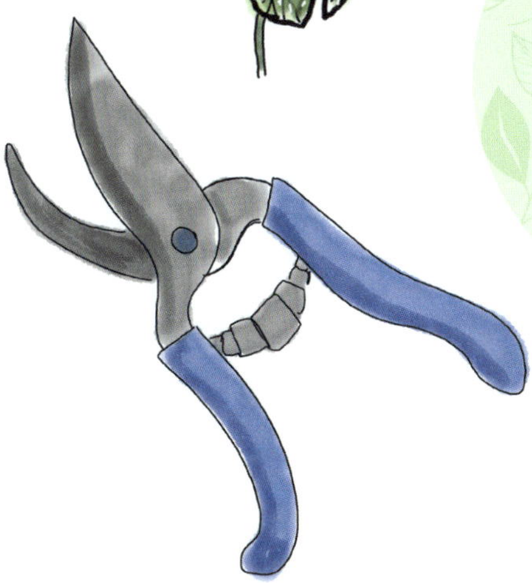

HILFE! WAS TUN, WENN MEINE KRÄUTER KRANK SIND?

Im Kräutergarten hat man es meistens mit weniger Schädlingen und Krankheiten zu tun als in anderen Gartenbereichen. Aber manchmal haben wir die Pflanzen vielleicht nicht optimal versorgt, oder das Wetter ist einfach nicht auf unserer Seite.

Vorsorgen ist besser als nachsorgen

- Am passenden Standort sind die Pflanzen am gesündesten.
- Auf ausreichenden Pflanzabstand achten.
- Mischkulturen pflanzen.
- Auf einen gesunden Boden achten: Kompost verwenden, Mulch ausbringen.
- Ausgewogen gießen und düngen.
- Urgesteinsmehl (Fachhandel) fördert die Widerstandskraft der Pflanzen.
- Unkräuter entfernen.
- Insektenhotel aufhängen, zum Beispiel einen Florfliegenkasten.

Die häufigsten Krankheiten und Schädlinge

Echter Mehltau

Dieser Pilz macht sich durch einen weißen, mehligen Belag auf den Blättern bemerkbar, zum Beispiel bei Melisse. Wenn es feucht ist und die Pflanzen nicht abtrocknen können, hat er leichtes Spiel. Die befallenen Blätter sterben am Ende ab.

Hilfe

Pflanzen stark zurückschneiden, kranke Teile über den Hausmüll entsorgen. Morgens gießen, damit die Pflanzen über den Tag abtrocknen können. Auf luftigen Pflanzenstand achten.

Rost

Haben Schnittlauch, Minzen oder Zitronenmelisse gelbe bis dunkelbraunrote Flecken oder Pusteln, anfangs nur auf den Blattunterseiten, dann ist ein Rostpilz am Werk.

Hilfe

Befallene Pflanzenteile entfernen (Hausmüll).

Blattläuse

Die kleinen Tierchen sitzen meistens auf oder unter den Blättern, gern auch an den Triebspitzen oder Stängeln. Sie saugen Pflanzensaft und sorgen dafür, dass die Pflanzen schlechter wachsen und die Blätter verkrüppeln.

Hilfe

Mit einem scharfen Wasserstrahl abspülen. Fettarme Milch mit Wasser mischen (1:1) und auf die Pflanzen sprühen, öfters wiederholen.

Was gegen Schnecken hilft, findest du auf Seite 50.

DUFTKRÄUTER

Wer Duftkräuter liebt, sollte sich dafür einen windgeschützten Platz aussuchen. Aber nicht zu viele unterschiedliche Duftpflanzen nebeneinander setzen, lieber verteilen, sonst vermischen sich die Düfte. Wie wäre es mit einem Dufterlebnis im Topf für die Terrasse oder an einem Weg?

Besondere Düfte für Schnuppernasen

Pflanze	Blüte	Wuchs	Verwendung	Anmerkung
Currykraut	kleine, gelbe Blüten im Hochsommer	buschig, ca. 50 cm hoch, graugrüne Blätter	Blätter vor der Blüte ernten und trocknen, sparsam als Gewürz mit Curry-Aroma	kühl und trocken überwintern, in milden Regionen reicht ein Winterschutz
Kümmel-Thymian	winzige, rosa-violette Blüten im Sommer (selten)	kriechend, Matten bildend, max. 30 cm hoch	Blätter vor der Blüte ernten, Kümmel-Aroma als Gewürz für Kräuterquark, zu Kartoffeln und deftigen Gerichten	in kalten Regionen im Winter abdecken, im Frühjahr zurückschneiden
Schoko-Minze	rosa-violette Lippenblüten im Hochsommer	buschig, 30 bis 50 cm hoch	Blätter schmecken nach Minzschokolade, für Süßspeisen, Tees oder als Zugabe zu Marmelade	anspruchslos, winterhart, bildet Ausläufer
Ysop	blaue Ähren im Hochsommer – es gibt auch Sorten in Rosa und Weiß	buschig, 40 bis 60 cm hoch	Blätter duften intensiv, kampferartig. Sparsam als Gewürz für deftige, mediterrane Gerichte	im Frühjahr bis ins alte Holz zurückschneiden
Zimt-Basilikum	rosa-weiße Lippenblüten im Hochsommer	buschig, 30 bis 50 cm hoch	Blätter mit süßem Zimt-Aroma für asiatische Gerichte, Süßspeisen, Saucen und Tees	1-jährig, Triebspitzen ernten für buschigen Wuchs
Zitronen-Thymian	rosa Lippenblüten im Hochsommer	dichtbuschig, immergrün, bis zu 20 cm hoch	Blätter mit zitronigem Thymian-Aroma für Salate, Saucen und Fisch	im Frühling zurückschneiden

An vollsonnigen Plätzen entwickeln Kräuter ein noch intensiveres Aroma.

DUFTTEPPICH – DRAUFTRETEN ERLAUBT!

Polster-Thymian

Wuchs: Mehrjährig, 2 bis 5 cm hoch.

Blüte: Kleine, weiße oder rosaviolette Lippenblüten von Mai bis Juli.

Standort: Durchlässiger, sandiger, trockener, nährstoffarmer Boden.

Anbau & Pflege: Im Abstand von ca. 20 cm in unkrautfreien Boden pflanzen. Staunässe vermeiden.

verträgt auch trockene Zeiten

Verwendung: Für Duftrasen, zwischen Pflastersteinen, in Trockenmauern und Steingärten.

Römische Kamille 'Treneague'

Wuchs: Mehrjährig, immergrün, bis zu 6 cm hoch.

Blüte: Die Sorte blüht nicht.

Standort: Durchlässiger, sandiger, trockener, nährstoffarmer Boden.

Anbau & Pflege: Im Abstand von ca. 10 cm in unkrautfreien Boden setzen. Am Anfang feucht halten, damit die Pflanzen gut anwachsen. Regelmäßig Unkraut jäten, damit der Duftrasen nicht überwuchert wird.

Verwendung: Duftender Bodendecker für kleine Flächen oder Pflasterfugen.

duftet ein bisschen nach Apfel

TIPP!

Natürlich sind Duftteppiche nicht so strapazierfähig wie normaler Rasen, aber man kann sie wirklich betreten. Für häufiger genutzte Bereiche ist es aber besser, man verlegt auch ein paar Trittsteine dazwischen.

NATURKOSMETIK ZUM SELBERMACHEN

HAND gemacht

Kräuter-Kosmetik

Pflanze	Pflanzenteile	Wirkung
Lavendel	Blüten	beruhigend, entspannend, desinfizierend
Pfefferminze	Blätter	kühlend, erfrischend
Rosmarin	Blüten und Blätter	durchblutungsfördernd, antibakteriell
Salbei	Blätter	desinfizierend, regulierend (bei fettiger Haut)
Thymian	Blätter	antibakteriell, entzündungshemmend

Minze – erfrischendes Fußbad

Das brauchst du

- 1 große Schüssel oder Wanne
- Lauwarmes Wasser
- 1 bis 2 Handvoll frische Minzblätter
- 2 EL Meersalz
- 1 Bio-Zitrone

So geht's!

1. Die Schüssel mit lauwarmem Wasser füllen.
2. Zitrone auspressen.
3. Minze, Salz und Zitronensaft dazugeben.
4. Füße 10 bis 15 Min. darin baden.

Kamille – Spülung für blondes Haar

Das brauchst du

- Kleiner Topf
- 1 Handvoll getrocknete Kamillenblüten
- ½ l Wasser

So geht's!

- ☐ aufkochen, zudecken
- ☐ 1/4 Stunde ziehen lassen
- ☐ abkühlen lassen
- ☐ Haare wie gewohnt waschen und dann Spülung über den Kopf gießen.

DIE SPÜLUNG HELLT BLONDES HAAR AUF

Lavendel – entspannendes Körperöl

Das brauchst du

- 1 Glas mit Deckel
- 2 Handvoll frische Lavendelblüten
- ½ Vanilleschote
- 200 ml Bio-Mandelöl
- 1 dunkle Glasflasche ohne Metallverschluss (ca. 250 ml)

So geht's!

Wer gerne badet, kann das Öl zusammen mit einem halben bis ganzen Becher süßer Sahne ins Badewasser geben – wunderbar entspannend am Abend.

Juli

Sommerspass & Sonnenschein

Juli

Termine & To Dos	Notizen
1	
2	
3	
4	
5	
6	
7	
8	
9	
10	
11	
12	
13	
14	
15	
16	
17	
18	
19	
20	
21	
22	
23	
24	
25	
26	
27	
28	
29	
30	
31	

Nicht vergessen …

- *Ernten, ernten, ernten: Blüten, Blätter & Samen.*
- *Regelmäßig gießen, am besten mit einer Gießbrause am Morgen.*
- *Beete mulchen und hacken, um mehr Feuchtigkeit im Boden zu halten.*
- *Mehrjährige Kräuter können immer noch über Stecklinge vermehrt werden (siehe Mai).*
- *Gelbe Blätter? Eine letzte Düngung für dieses Jahr hilft dagegen.*
- *Kranke Pflanzen, zum Beispiel mit Mehltau-Befall, bodennah abschneiden und über den Hausmüll entsorgen.*

JETZT BEGINNT DIE HAUPTERNTEZEIT

Neben Blättern und Blüten können jetzt bei vielen Kräutern, zum Beispiel von Doldenblütlern, auch schon Samen geerntet werden.

Wann sind die Samen reif?

Wenn die Hüllen trocken und braun sind und die Samen fast von selbst abfallen. Kontrolliere die Pflanzen öfters, sonst verpasst du den richtigen Zeitpunkt

Samen ernten ⇨ So geht's!

1. Reife Samenstände am besten an einem sonnigen Morgen abschneiden.

2. Auf ein großes Papier oder - noch besser - einen Trockenrahmen auslegen.

3. Unreife Früchte aussortieren.

4. Wenn sie ganz trocken sind, fallen die Samen von selbst ab.

5. In luftigen Papiertüten, selbst gebastelten Umschlägen oder Stoffsäckchen aufbewahren und beschriften.

TIPP! Möglichst im Laufe des Jahres verbrauchen – das Aroma lässt mit der Zeit nach.

Kräuter mit würzigen Samen

Zu den Doldenblütlern gehören viele Gewürzkräuter mit leckeren Samen. Du kannst sie getrocknet gut aufbewahren und später im Ganzen oder gemahlen zum Backen, Kochen oder für Tee verwenden.

- Anis
- Dill
- Fenchel
- Koriander
- Kümmel

KEINE LUST AUF NUR GRÜN? KRÄUTER MIT BUNTEN BLÄTTERN

Apfel-Minze 'Variegata'

Leckere, milde Teeminze – die grünen Blätter haben einen breiten weißen Rand

Basilikum 'Osmin' & 'Dark Opal'

Kompakte Sorten mit aromatischen, dunkelpurpurfarbenen Blättern

Bergminze, Steinquendel 'Variegata'

Sorte mit rosa Blüten und grün-weiß gemusterten Blättern – kampferartiges Minz-Aroma, ist aber keine echte Minze

Heiligenkraut

Mediterrane Heilpflanze mit immergrünen weißfilzigen Blättern und gelben Köpfchenblüten – für einen verdauungsfördernden Tee

Rotes Shisa, Perilla, Schwarznessel

Aromatisches Kraut mit dunkelroten, gewellten und gezähnten Blättern für asiatische Gerichte

Salbei 'Icterina'

Frostharte Sorte mit grün-gelb gemusterten Blättern

Wolliger Lavendel

Frostempfindliche Art für Töpfe mit weißfilzigen Blättern

Zitronen-Thymian 'Aureus' & 'Variegatus'

Sorten mit zitronigem Aroma und gelb-bunten sowie weiß-grünen Blättern

KRÄUTER DER PROVENCE SELBST MISCHEN

So geht's!

Jeweils
1 EL getrocknete
Blätter von

- Berg-Bohnenkraut
- Oregano
- Rosmarin
- Thymian

und 1 EL Lavendelblüten gut vermischen und trocken aufbewahren. Innerhalb eines Jahres aufbrauchen – schmeckt lecker als Gewürz zu mediterranen Gerichten.

Diese getrockneten Kräuter passen auch noch dazu, einfach ausprobieren:

- Estragon
- Fenchelsamen
- Kerbel
- Liebstöckel
- Lorbeer
- Majoran
- Petersilie
- Salbei

Meine Lieblingsmischung

Platz für deine eigenen Einträge …

Lavendel-Raumspray

So geht's!

1. 2 Handvoll Lavendelblüten ernten (Alternative: 1 Handvoll getrocknete Blüten).
2. Blüten in 300 ml Wasser aufkochen.
3. 15 Min. bei etwas reduzierter Hitze köcheln lassen.
4. Abkühlen lassen.
5. Durch ein sehr feines Sieb gießen.
6. Lavendelwasser in eine kleine Sprühflasche füllen.

Basilikum gegen Fliegen

Fliegen mögen kein Basilikum-Aroma. Stelle einfach ein Töpfchen Basilikum in die Küche und zerreibe ab und zu ein Blatt.

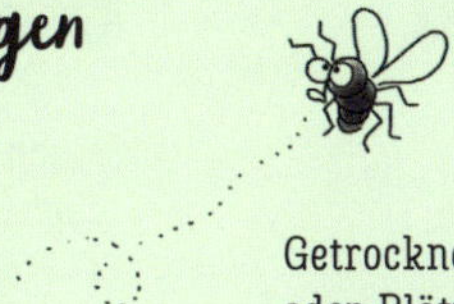

Das hilft gegen Kleidermotten

Getrocknete Lavendelblüten und -blätter oder Blätter der Eberraute werden locker in ein Stoffsäckchen gefüllt. Lege es in deinen Kleiderschrank, am besten direkt zwischen Wollpullover. Etwas ausgefallener: Auch den Duft von Balsamkraut oder Afrikanischem Rosmarin mögen Motten nicht.

Afrikanischer Rosmarin: frostempfindlicher, bis zu 1 m hoher Strauch mit duftenden, nadelartigen Blättern

Balsamkraut: frostempfindlicher, kleiner Strauch mit duftenden Blättern und Blüten

Eberraute: Halbstrauch mit fedrig geteilten Blättchen, die zitronig herb duften

SÜSSE KRÄUTER FÜR GETRÄNKE & DESSERTS

Diese 4 Arten sind alle mehrjährig!

Auch als Lemonysop bekannt

Limetten-Agastache

Wuchs: Aufrecht, buschig, 80 bis 100 cm hoch.

Blüte: Große, dekorative, magentarote Ähren im Hoch- und Spätsommer, Insektenmagnet.

Standort: Feuchter, nährstoffreicher, durchlässiger Boden, verträgt auch trockene Standorte.

Anbau & Pflege: Regelmäßig gießen und düngen, Vermehrung über Stecklinge oder Wurzelteilung, im Frühling oder Herbst bodennah zurückschneiden. Winterschutz erforderlich.

Ernte & Verwendung: Frische Blätter und Blüten, Blätter mit frisch-herbem Limettengeschmack für Desserts, Tees, Limo und Cocktails. Dekorative essbare Blüten für Süßspeisen.

Pfefferminze

Wuchs: Dichtbuschig, stark wüchsig, Ausläufer bildend, 50 bis 80 cm hoch.

Blüte: Rosa bis lila Lippenblüten im Hochsommer.

Standort: Feuchter, lockerer, humusreicher Boden.

Anbau & Pflege: Wuchert, daher in große Töpfe pflanzen oder Wurzel-/Rhizomsperre einbauen. Regelmäßig gießen und düngen. Lässt sich leicht über Stecklinge, Ausläufer oder Wurzelteilung vermehren.

Ernte & Verwendung: Junge Blätter und Triebspitzen nach Bedarf, zum Trocknen vor der Blüte bodennah abschneiden. Für Tee, Getränke, Marmelade, Desserts, Salat, Saucen, Essig.

es gibt unglaublich viele Sorten

wird manchmal auch Zitronenstrauch genannt

Zitronenmelisse

Wuchs: Buschig, verzweigt, bis 90 cm hoch.

Blüte: Winzige weiße bis hellrosa Lippenblüten im Hochsommer, Insektenmagnet.

Standort: Warmer Platz, durchlässiger, nährstoffreicher Boden.

Anbau & Pflege: Im Frühjahr aussäen oder pflanzen (Abstand 30 cm), auf Echten Mehltau achten, Vermehrung durch Wurzelteilung im Herbst.

Ernte & Verwendung: Junge Blätter vor der Blüte ernten, frisch oder getrocknet für Tee, Limo, Salate, Saucen, Suppen.

ein Melisse-Vollbad hat eine herrlich beruhigende Wirkung

Zitronenverbene

Wuchs: Strauchig, je nach Topfgröße ca. 50 cm hoch, ausgepflanzt am Naturstandort bis zu 3 m.

Blüte: Winzige weiße Blüten in Rispen im Juli und August.

Standort: Warmer, luftiger Platz, leichter, durchlässiger Boden, am besten im Topf halten.

Anbau & Pflege: Pflanzung ab Mitte Mai, regelmäßig gießen. Formschnitt im Spätsommer. Frostempfindlich, daher hell und kühl überwintern (verliert die Blätter, treibt spät aus).

Ernte & Verwendung: Blätter und Blüten bei Bedarf bzw. Blätter kurz vor der Blüte zum Trocknen ernten. Für Tee, Eis, Marmelade, Pudding, Essig und Öl.

NATÜRLICH ERFRISCHEND – EISTEE & KRÄUTERLIMO

Eistee – zitronig oder minzig?

für 6 Gläser

Das brauchst du

3 EL SCHWARZER oder GRÜNER TEE

1 1/2 L WASSER

1-2 EL ZUCKER

1 BIO ORANGE

1 HANDVOLL MINZBLÄTTER

EISWÜRFEL

So geht's!

1. Schwarzen Tee mit kochendem, Grüntee mit ca. 70 °C warmem Wasser übergießen. 3 Min. ziehen lassen, dann durch ein Sieb abgießen.
2. Die Orange heiß abwaschen, in Scheiben schneiden und in den noch heißen Tee geben. Abgedeckt abkühlen lassen und danach in den Kühlschrank stellen.
3. Den Tee mit Zucker abschmecken.
4. Die Kräuter waschen, trocken schütteln und mit einem großen Messer oder einer Wiege grob hacken.
5. Hohe Gläser zur Hälfte mit Eis füllen, die Kräuter darauf verteilen. Mit dem eiskalten Tee auffüllen und mit einem Strohhalm servieren. Die Orangenscheiben kannst du auch mit in die Gläser verteilen.

Die perfekten Minzen für Cocktails & Co.

Minzen kühlen und erfrischen – sie passen super in Eistee, Kräuterlimo oder Cocktails. Meine Lieblingssorten dafür sind Marokkanische Minze, Mojito-Minze und Orangen-Minze.

Kräuterlimo mit Zitronenmelisse

Das brauchst du für 6 Gläser

- 2 große Bund Zitronenmelisse
- 1 l kochendes Wasser
- 1 bis 2 EL Zucker
- 1 Bio-Zitrone
- 1 Flasche gekühltes Mineralwasser mit Kohlensäure (750 ml)
- Eiswürfel

So geht's!

1. Die Melisse waschen und trocken schütteln. Eine kleine Handvoll Blättchen abzupfen und zur Seite legen.
2. Die Kräuter in ein großes Gefäß geben und mit dem kochendem Wasser übergießen.
3. 15 Min. abgedeckt ziehen lassen.
4. Den Sud durch ein Sieb gießen und auffangen. Nach Geschmack mit Zucker süßen.
5. Abkühlen lassen und danach in den Kühlschrank stellen.
6. Zitrone heiß abwaschen und in feine Spalten schneiden. Zitronenscheiben zusammen mit dem Melissenwasser in eine große Glaskaraffe geben. Mit Mineralwasser auffüllen, die Eiswürfel dazugeben und die beiseite gestellten Melisseblättchen darüberstreuen. Kalt servieren.

Noch mehr Kräuter für Sommer-Limonaden

- Agastache
- Basilikum, z. B. Zitronen-Basilikum
- Duft-Geranie
- Giersch – *von wegen Unkraut!*
- Gundermann
- Lavendel
- Rosmarin
- Zitronen-Thymian

Hier ist Platz für deine Lieblings-mischung …

Meine Lieblingsmischung

August

ALLES WIRD REIF

August

Termine & To Dos	Notizen
1 Bundesfeier (CH)	
2	
3	
4	
5	
6	
7	
8	
9	
10	
11	
12	
13	
14	
15 Mariä Himmelfahrt	
16	
17	
18	
19	
20	
21	
22	
23	
24	
25	
26	
27	
28	
29	
30	
31	

Nicht vergessen …

- *Es kann immer noch viel geerntet werden.*
- *Einjährige Kräuter nachsäen: Dill, Sommer-Bohnenkraut, Kerbel, Gartenkresse, Rucola.*
- *Zweijährige Pflanzen aussäen.*
- *Hast du freie Flächen nach der Ernte einjähriger Pflanzen? Säe Gründüngungspflanzen ein – das verbessert den Boden: z.B. Phazelia oder Senf.*

2-JÄHRIGE AUSSÄEN FÜR DIE ERNTE IM NÄCHSTEN JAHR

2-jährige Kräuter blühen im 2. Jahr und sterben dann ab. Du kannst jetzt gut für Nachschub sorgen. Sicher sind schon die ersten Beete oder Töpfe frei, oder? Nach der Aussaat gut feucht halten.

Für die Reihensaat

- Barbarakraut
- Fenchel
- Kümmel
- Löffelkraut
- Petersilie

Für den Einzelstand

- Engelwurz
- Königskerze

SO BINDEST DU EINEN KRÄUTERSTRAUSS

Draußen blüht alles so bunt und üppig. Hol dir den Sommer doch einfach in die Vase – mit einem Kräuterstrauß.

So geht's!

Das größte Kraut kommt in die Mitte, die anderen Kräuter werden abwechselnd im Kreis darumgebunden. Am schönsten wirken Sträuße, die nur aus 5 verschiedenen Kräutern bestehen oder zumindest aus nur 3 verschiedenen Farben. Zum Schluss werden bei allen Pflanzen die unteren Blätter entfernt, damit sie nicht faulen, wenn sie im Wasser sind. Schneide die Stiele unten mit einem scharfen Messer an und dann schnell in die Vase damit.

Tradition
Kraftvoller Kräuterstrauß

Am 15. August wird in katholischen Regionen Mariä Himmelfahrt gefeiert. Es ist Tradition an diesem Tag einen sogenannten Kräuterbuschen segnen zu lassen. Klassische Kräuter hierfür sind Königskerze, Beifuß, Schafgarbe, Johanniskraut, Salbei, Frauenmantel und Thymian. Der gesegnete Kräuterstrauß soll Kraft und Schutz geben, außerdem Frieden, Glück und Liebe ins Haus bringen. Ein schöner Brauch.

TIPP!

Kräuter mit zauberhaften Blüten für Sträuße

- Borretsch ➔ hellblau
- Currykraut ➔ gelb
- Dill ➔ gelb
- Duftnessel/Agastache ➔ lila/violett
- Heiligenkraut ➔ gelb
- Katzenminze ➔ lila
- Lavendel ➔ lila
- Oregano ➔ rosa
- Ringelblume ➔ gelb/orange

Richtig trocknen & lagern

DAS AROMA EINFANGEN

So geht's!

- Kleine Blätter am Stängel, große Blätter einzeln trocknen.
- Auf Trockenrahmen oder Gitternetzen ausbreiten oder auf ein Baumwolltuch, das auf einem Wäscheständer aufliegt – Hauptsache, die Blätter werden von allen Seiten belüftet.
- Der beste Ort zum Trocknen ist warm, dunkel und luftig.
- Wenn die Blätter beim Anfassen rascheln, sind sie trocken – das dauert meistens 3 bis 8 Tage.
- Für die Aufbewahrung eignen sich verschließbare Papiertüten oder dunkle Gläser – Hauptsache dunkel und trocken. Kunststoff und Metall sind nicht zu empfehlen.
- Tüten und Gläser beschriften und die Kräuter innerhalb von einem Jahr aufbrauchen.

So geht's!

Kräuter waschen, fein hacken, in eine Eiswürfelschale geben und mit Wasser übergießen – ab in die Gefriertruhe und bei Bedarf portionsweise auftauen.

Kräuter haltbar machen

Pflanze	Erntegut	Trocknen	Einfrieren	Essig	Öl	Salz	Honig
Basilikum	Blatt		✓	✓	✓	✓	
Bohnenkraut	Blatt	✓	✓	✓	✓	✓	
Dill	Blatt	✓	✓	✓	✓		
Estragon	Blatt	✓	✓	✓	✓	✓	
Fenchel	Samen	✓			✓		✓
Indianernessel	Blatt			✓			
Lavendel	Blüte	✓					✓
Liebstöckel	Blatt	✓	✓			✓	
Kerbel	Blatt		✓				
Koriander	Samen	✓		✓	✓		✓
Majoran	Blatt	✓		✓	✓		✓
Minze	Blatt	✓	✓	✓	✓		
Oregano	Blatt	✓		✓	✓	✓	
Petersilie	Blatt		✓			✓	
Rosmarin	Blatt	✓		✓	✓	✓	✓
Salbei	Blatt	✓				✓	✓
Schnittlauch	Blatt		✓	✓	✓		
Thymian	Blatt	✓		✓	✓	✓	✓
Ysop	Blatt	✓		✓		✓	
Zitronenmelisse	Blatt	✓	✓	✓	✓		
Zitronenstrauch	Blatt	✓					

BASISREZEPTE FÜR ESSIG, ÖL & CO.

Kräuteressig

2 Handvoll frische Kräuter
- waschen
- trocken tupfen
- in verschließbare Glasflasche ohne Metallverschluss füllen

↓

- mit 600 ml Weißweinessig übergießen
- ! (luftdicht (!!) verschließen !

- Für 4 Wochen an ein Südfenster stellen.
- Ab und zu schütteln.

↓

- Kräuter abseihen, Essig auffangen und in eine dunkle Glasflasche füllen!

geeignete Kräuter siehe Tabelle auf S. 83

Kräuteröl

Die Herstellung erfolgt genauso wie beim Essig.

Für das Kräuteröl brauchst du

- 600 ml mildes Bio-Olivenöl oder Bio-Sonnenblumenöl und
- 2 Handvoll frische Kräuter (einzeln oder gemischt)

Kräutersalz

Das brauchst du

- 5 EL getrocknete Kräuter
- 10 EL Salz, z. B. Meersalz
- 1 verschließbares Glas

So geht's!

1. Kräuter oder Kräutermischung fein rebeln.
2. Mit dem Salz gut vermischen, evtl. fein mörsern und in ein Glas füllen.
3. Luftdicht verschließen.

Kräuterhonig

Das brauchst du

- 2 Handvoll frische Kräuter (einzeln oder gemischt)
- 1 verschließbares Gefäß
- 500 g Bio-Honig

So geht's!

1. Gewaschene, grob zerkleinerte Kräuter in einen Topf geben.
2. Honig dazugeben, umrühren.
3. Mischung schmelzen lassen, nicht kochen! Max. 40 °C.
4. 1 Stunde ziehen lassen.
5. Kräuter herausfischen oder Honig abseihen.
6. Honig in ein luftdichtes Gefäß füllen.

September

DER HERBST NAHT

September

Termine & To Dos	Notizen
1	
2	
3	
4	
5	
6	
7	
8	
9	
10	
11	
12	
13	
14	
15	
16	
17	
18	
19	
20	
21	
22 HERBSTANFANG	
23	
24	
25	
26	
27	
28	
29	
30	

Nicht vergessen …

- *Blätter und Blütenkräuter kannst du immer noch ernten, solange es spätsommerlich warm ist.*
- *Falls das Wetter schon windig und kühler ist, hilft ein Vlies, wärmeliebende Kulturen wie Majoran oder Dill zu schützen.*
- *Leere Beete? Hier kannst du auch jetzt noch Gründüngungspflanzen aussäen – der Boden freut sich.*
- *Viele frostharte, mehrjährige Kräuter lassen sich durch Teilung des Wurzelstocks vermehren und verjüngen – wie das geht, steht auf der rechten Seite. Salbei kannst du auch noch über Absenker vermehren.*
- *Unerwünschte Kräuter jäten.*
- *Ab Mitte des Monats kannst du mehrjährige Kräuter pflanzen, z. B. Thymian oder Salbei.*

KRÄUTER DURCH TEILUNG VERMEHREN UND VERJÜNGEN

So geht's!

1. Pflanzen tiefgründig ausgraben – mit einer Grabe- bzw. Stechgabel.
2. Wurzelballen auseinanderreißen oder mit einem Spaten abstechen: Den Ballen je nach Größe halbieren oder dritteln.
3. Teilstücke in lockere Erde einpflanzen oder einen Teil davon verschenken, tauschen …

Kräuter für Wurzelteilung

- Estragon
- Indianernessel
- Liebstöckel
- Minze
- Oregano
- Schafgarbe
- Schnittlauch
- Thymian
- Zitronengras
- Zitronenmelisse

AROMATISCHE KRÄUTER FÜR KÜCHE, GESUNDHEIT & HAUSHALT

Rosmarin

Wuchs: Immergrüner, buschiger Strauch; ausgepflanzt 1,5 bis 2 m, im Topf 50 bis 70 cm hoch.

Blüte: Kleine, hellblaue bis violettblaue Lippenblüten im Frühling.

Standort: Durchlässiger, lockerer, sandiger bis steiniger Boden; geschützter, warmer Platz.

Anbau & Pflege: Wenig gießen und düngen, Staunässe vermeiden, nicht bis ins alte Holz zurückschneiden, Vermehrung über Stecklinge, Winterschutz ist notwendig.

Ernte & Verwendung: Blätter und Blüten nach Bedarf das ganze Jahr – frisch oder getrocknet: mediterranes Küchengewürz und Heilpflanze (Tee bei Verdauungsstörungen, Badezusatz bei Rheuma und Kreislaufbeschwerden).

es gibt frostharte Sorten: 'Arp', 'Blue Winter'

Echter Salbei

Wuchs: Immergrüner Halbstrauch, 40 bis 80 cm hoch.

Blüte: Violettblaue Lippenblüten im Sommer.

Standort: Durchlässiger, leichter, humoser, kalkhaltiger Boden, windgeschützter Platz.

Anbau & Pflege: Wenig gießen, Staunässe vermeiden; nur bis –10 °C winterhart, Winterschutz empfehlenswert. Rückschnitt im Frühling und/oder nach der Blüte, aber nicht bis ins alte Holz. Vermehrung über Stecklinge und Absenker.

Ernte & Verwendung: Blätter nach Bedarf – frisch oder getrocknet – für die Küche oder als Heilpflanze (Tee bei Magen-Darm-Beschwerden, zum Gurgeln bei Halsschmerzen, Mund- und Rachenentzündungen).

heilkräftig ist nur der Echte Salbei, Salvia officinalis

Natürliche Reinigungsmittel – umweltfreundlich & preiswert

Salbei-Reiniger für Küche und Bad

Das brauchst du

- 1 Handvoll frische Salbeiblätter
  Wenn du nur getrocknete Kräuter hast, dann nimm 1,5 Handvoll
- 300 ml Wasser
- 2 EL Natron
- 1 TL Zitronensaft
- Topf
- Flasche

So geht's!

1. Salbeiblätter klein schneiden.
2. Kräuter in einen Topf mit Wasser geben und aufkochen, danach 20 Min. bei etwas geringerer Hitze köcheln lassen.
3. Nach dem Abkühlen abseihen.
4. Natron und Zitronensaft dazugeben, gut verrühren.
5. In eine Flasche umfüllen und sofort verwenden – hält sich ca. 10 Tage im Kühlschrank.

desinfizierende Wirkung

Rosmarin-Essigreiniger mit Zitrusduft

Das brauchst du

- 3 frische Zweige Rosmarin
- Klarer Haushaltsessig
- ½ Bio-Zitrone
- Luftdicht verschließbares Gefäß
- Küchensieb
- Sprühflasche

So geht's!

1. Zitrone abwaschen, halbieren und in Stücke schneiden.
2. Zitronenstücke zusammen mit dem Rosmarin in ein luftdicht verschließbares Gefäß legen.
3. Vollständig mit Essig bedecken und gut durchschütteln.
4. Für ca. 3 Wochen an einem dunklen, kühlen Ort durchziehen lassen, ab und zu schütteln.
5. Essig durch ein Sieb gießen und in eine Sprühflasche umfüllen. Mit warmem Wasser auffüllen, gut schütteln – fertig zum Putzen! Zügig aufbrauchen.

Oktober

ZEIT FÜR DEN WINTERSCHUTZ

Oktober

Termine & To Dos	Notizen
1	
2	
3 Tag der Deutschen Einheit	
4	
5	
6	
7	
8	
9	
10	
11	
12	
13	
14	
15	
16	
17	
18	
19	
20	
21	
22	
23	
24	
25	
26 Nationalfeiertag (A)	
27	
28	
29	
30	
31 Reformationstag	

Nicht vergessen …

- *Letzte Blatternten im Kräutergarten.*
- *Kompost auf den Beeten aufbringen und/oder Mulchdecken erneuern.*
- *Mehrjährige, strauchige Pflanzen etwas in Form schneiden, z. B. Lavendel, Lorbeer, Rosmarin, Thymian, Zitronenstrauch*
- *Empfindliche mehrjährige Kräuter vor den ersten Frösten im Beet mit Tannen- oder Fichtenreisig abdecken.*
- *Nicht winterharte Pflanzen ausgraben, in Töpfe pflanzen und zusammen mit den nicht winterharten Topfkräutern ins frostfreie Winterquartier räumen – je nach Wetter und Region kann das auch erst im November erfolgen.*
- *Einjährige Kräuter im Topf vor dem ersten Frost nach drinnen auf die Fensterbank räumen und nach und nach abernten.*

MICROGREENS UND SPROSSEN AUF DER FENSTERBANK

Microgreens

Die Keimlinge dürfen so lange weiterwachsen, bis sie grüne Blättchen haben. Erst dann wird geerntet.
Beispiel: Kresse.

Keimsprossen

Hierbei handelt es sich um frisch gekeimte Kräuter-, Gemüse- oder Getreidesamen. Beispiele: Bockshornklee, Lein, Rucola, Rotklee, Brokkoli, Karotte, Kohlrabi, Rettich, Senf, Buchweizen, Gerste, Hafer, Roggen, Weizen.

Microgreens

1. In einer Schale oder einem Teller 2 Lagen Küchenpapier auslegen.
2. Gut anfeuchten.
3. Kresse-Samen darauf verteilen. Mit Wasser einsprühen.
4. 8 bis 10 Tage warten – täglich mindestens einmal gießen. Die Samen dürfen nicht austrocknen.
5. Oberen Teil der Pflänzchen abschneiden und frisch verwenden. Nicht mitkochen

Keimsprossen

1. 1 bis 2 EL Samen in ein Einmachglas schütten, nicht mit den Händen anfassen.
2. Mit lauwarmem Wasser bedecken und je nach Art (siehe Packung) ca. 6 bis 12 Std. einweichen.
3. Samen in ein Sieb schütten und gründlich abspülen.
4. Samen gut abtropfen lassen, zurück in das Einmachglas füllen und verschließen. An einen hellen Platz ohne direkte Sonne bei 18 bis 20, max. 22 °C stellen. Wärmere Temperaturen begünstigen Schimmelbefall.
5. Die Keimlinge zwei- bis dreimal täglich mit lauwarmem Wasser durchspülen, um Bakterien und Schimmelpilzen vorzubeugen.
6. Die meisten Sprossen sind nach 3 bis 7 Tagen gekeimt und können gegessen werden. Bitte erst kurz vor dem Verwenden ernten und noch einmal unter fließendem Wasser abspülen.
7. Das Einmachglas danach gründlich mit heißem Wasser und Essig reinigen.

Kräuter über den Winter bringen

Nichts zu tun!

Diese Kräuter überstehen auch -15 °C und können draußen bleiben:

- Berg-Bohnenkraut
- Eberraute
- Indianernessel/Goldmelisse
- Heiligenkraut
- Kümmel
- Liebstöckel
- Oregano
- Petersilie
- Pfefferminze
- Schnittlauch
- Sauerampfer
- Schafgarbe

Abdecken!

Nicht ganz winterharte Kräuter im Beet werden mit Tannen- oder Fichtenreisig abgedeckt. Topfkräuter werden auf Füßchen oder Holzlatten gestellt und mit Kokosmatten oder Ähnlichem umwickelt. Am besten rückst du sie möglichst nah an die Hauswand. An frostfreien Tagen ab und zu gießen.

- Currykraut
- Duftnessel/Agastache
- Estragon
- Echter Lavendel
- Minze-Sorten
- Rosmarin im Beet
- Echter Salbei
- Echter Thymian
- Ysop

Reinräumen!

Empfindliche Kräuter sollten *vor* den ersten frostigen Nächten nach drinnen geräumt werden. Am besten geeignet für die Überwinterung sind helle, kühle (ca. 10 °C) Plätze, zum Beispiel im Treppenhaus oder in einem Keller mit Fenster. Auch ein Gewächshaus / Wintergarten ist ein gutes Quartier, wenn die Temperatur über 0 °C hat. Ab und zu, etwa alle 14 Tage, sparsam gießen und auf Schädlingsbefall kontrollieren.

- Duft-Geranien
- Frucht-Salbei
- Lorbeer
- Rosmarin im Topf
- Schopf-Lavendel
- Süßkraut / Stevia
- Strauch-Basilikum 'African Blue'
- Zitronengras
- Zitronen-Thymian
- Zitronenverbene

TIPP!

Im Winter werden Kräuter nicht gedüngt!

LECKER – TEE AUS EIGENEN KRÄUTERN

Es geht doch nichts über eine heiße Tasse Kräutertee aus dem eigenen Garten, wenn draußen der Herbst stürmt.

Zubereitung

- 3 bis 7 getrocknete Kräuter mischen.
- 1 TL mit 250 ml kochendem Wasser übergießen, abdecken und 5 bis 10 Min. ziehen lassen.

ist gesund und schmeckt auch so

Hier ist Platz für deine Lieblingsmischung …

TIPP!

Süß genug?

Wer es süßer mag, der kann schon vorher ein paar getrocknete Blätter Stevia (Süßkraut) in die Kräutermischung geben oder 1 TL Honig in den fertigen Tee rühren.

November & Dezember

DER GARTEN RUHT

November

Termine To DOS ✓	Notizen
1 Allerheiligen	
2 Allerseelen	
3	
4	
5	
6	
7	
8	
9	
10	
11 Martinstag	
12	
13	
14	
15	
16	
17	
18	
19	
20	
21	
22	
23	
24	
25	
26	
27	
28	
29	
30	

Dezember

Termine To DOS ✓	Notizen
1	
2	
3	
4	
5	
6 Nikolaus	
7	
8 Mariä Empfängnis	
9	
10	
11	
12	
13	
14	
15	
16	
17	
18	
19	
20	
21 Winteranfang	
22	
23	
24 Heiligabend	
25 1. Weihnachtsfeiertag	
26 2. Weihnachtsfeiertag	
27	
28	
29	
30	
31 Silvester	

Nicht vergessen ...

- *Kräuter, die drinnen überwintern, immer mal wieder auf Schädlinge kontrollieren und gelegentlich gießen. An milden Tagen lüften.*
- *Keimsprossen und Kresse auf der Fensterbank aussäen.*
- *In einem Teil des Gartens einen Totholzhaufen und einen Hügel aus Gartenabfällen aufschichten – hier können Tiere überwintern.*
- *Leere Töpfe, Gartengeräte und Werkzeuge reinigen. Metallteile einölen.*
- *Das neue Kräutergartenjahr planen.*

FRISCHES GRÜN AUF DER FENSTERBANK

Im Spätherbst kannst du Schnittlauchpflanzen ausgraben und teilen. Draußen 10 bis 14 Tage durchfrieren lassen und danach in frische Erde pflanzen, gießen und auf der Fensterbank antreiben. So kannst du auch im Winter frische Schnittlauchröllchen ernten.

WIE WÄR'S MAL MIT ETWAS BESONDEREM?

Jetzt ist die Zeit, um zu überlegen, was gut geklappt hat und was man nächstes Jahr anders machen möchte. Vielleicht ist ja neben den Klassikern auch noch ein bisschen Platz für ein paar Töpfe und Kübel mit exotischen Kräutern?

Amerikanische Bergminze

Aussehen: Mehrjährig, aufrecht, bis 120 cm hoch. Weiße Blüten von Juni bis Oktober.

Pflege: Durchlässiger, humusreicher Boden, regelmäßig gießen und düngen, frostfrei überwintern.

Verwendung: Blätter kurz vor der Blüte und Blüten. Frisch als minzartiges Gewürz und aromatischer, stärkender, verdauungsfördernder Tee.

Australischer Minzestrauch

Aussehen: Mehrjährig, buschig, mit aufrechten, bis zu 90 cm hohen Blütenstielen. Viele hübsche, rosa bis hellviolette Lippenblüten im April/Mai.

Pflege: Im Topf in durchlässiger Erde anbauen, mäßig gießen und düngen. Frostfrei und hell überwintern.

Verwendung: Nach Eukalyptus duftende Blätter im Sommer ernten, frisch oder getrocknet für Tee und Süßspeisen. Sparsam verwenden, da intensives Aroma.

Diptam-Dost, Kreta-Majoran

Aussehen: Mehrjährig, buschig, bis 20 cm hoch, auffällige rosa Blüten an aufrechten Stielen im Spätsommer.

Pflege: Im Topf in durchlässiger, sandiger bis steiniger Erde halten, wenig gießen und düngen, vor Regen und Staunässe schützen. Hell und kühl überwintern.

Verwendung: Blätter und Triebspitzen, frisch oder getrocknet als mediterranes Gewürz, für Tee, Kräuterschnaps oder -wein.

Türkischer Drachenkopf

Aussehen: 1-jährig, 40 bis 60 cm hoch, lilablaue Blüten in Ähren, Insektenmagnet.

Pflege: Im Frühjahr in humose, durchlässige Erde aussäen; viel gießen, wenig düngen.

Verwendung: Blätter und Blüten von Juni bis Oktober ernten, frisch oder getrocknet als zitronig-frisches Gewürz und Tee verwenden, blühendes Kraut auch schön für die Vase.

beruhigende Wirkung

Zimmerknoblauch

stammt aus Südafrika

Aussehen: Mehrjährig, 30 bis 70 cm hoch; mit immergrünen, grasartigen Blättern. Weiße bis rosa-violette Blüten zwischen Mai und Oktober.

Pflege: Im Topf in durchlässiger, humusreicher Erde halten, regelmäßig gießen und düngen, im Zimmer hell überwintern.

Verwendung: Blätter und Blüten wie Schnittlauch nutzen. Knoblauchartiges Aroma.

Vietnamesischer Koriander

Aussehen: Mehrjährig, aufrechte und kriechende Triebe, lanzettliche Blätter, horstig, 20 bis 40 cm hoch.

Pflege: Im Topf in durchlässiger, humoser Erde halten. Regelmäßig gießen und düngen, im Zimmer überwintern, stark schneiden.

Verwendung: Blätter von Mai bis November ernten. Als mildes, korianderartiges Gewürz für asiatische Gerichte, frisch oder getrocknet, roh verwenden oder mitkochen.

in Ostasien als Rau Ram bekannt

Pläne für's nächste Jahr

AROMATISCHE GESCHENKE AUS DEM GARTEN

Weihnachten steht vor der Tür. Mit selbst gemachten Geschenken aus dem eigenen Kräutergarten machst du sicher vielen Freunden eine Freude.

Pfefferminz-Zucker – für Getränke, Kuchen und Desserts

Das brauchst du

- 500 g Zucker
- 2 Handvoll getrocknete Pfefferminze

geht auch mit Lavendel

So geht's!

1. Pfefferminze im Mörser oder Mixer pulverisieren.
2. Mit dem Zucker vermischen.
3. In verschließbare Gläser abfüllen und beschriften.

Kräutersalz – schmeckt nach Bella Italia

Das brauchst du

- 200 g Salz
- 20 g getrocknete Bohnenkrautblättchen
- 20 g getrocknete Majoranblätter
- 20 g getrocknete Oreganoblätter
- 20 g getrocknete Rosmarinnadeln
- 20 g getrocknete Thymianblättchen

So geht's!

1. Kräuter von den Stielen befreien.
2. Kräuter im Mörser oder Mixer pulverisieren.
3. Salz zugeben und gut zermörsern.
4. In verschließbare Gläser abfüllen und beschriften.

Mediterranes Kräuteröl – den Sommer bewahren

Das brauchst du

- 1 l Bio-Olivenöl
- 1 Handvoll getrockneter Oregano
- 1 Handvoll getrockneter Thymian
- 1 Handvoll getrockneter Rosmarin
- 2 getrocknete Chilischoten
- 3 Lorbeerblätter
- 1 TL Pfefferkörner
- Flaschen
- Küchensieb

So geht's!

1. Alle Kräuter in eine Flasche füllen.
2. Mit dem Olivenöl auffüllen – alle Zutaten sollten bedeckt sein.
3. Flasche verschließen und an einen dunklen, warmen Platz stellen. Alle paar Tage schwenken.
4. Das Öl nach 3 bis 4 Wochen durch ein Sieb geben, auffangen und in beschriftete, kleine Flaschen umfüllen.
5. Kühl und dunkel aufbewahren.

Brotgewürz – für Hobbybäcker

Das brauchst du

- 10 g Koriandersamen
- 10 g Kümmelsamen
- 10 g Senfsamen
- 5 g Anissamen
- 5 g Fenchelsamen
- 30 g getrocknete Petersilienblätter
- 20 g getrocknete Liebstöckelblätter

So geht's!

1. Alle Samen im Mörser zerstoßen.
2. Kräuter und Gewürze im Mörser oder Mixer fein vermahlen.
3. In ein verschließbares Glas füllen.
4. Dunkel aufbewahren.

Und wie wird das Brotgewürz dosiert?

Auf 1 kg Teig kommen ca. 2 EL Brotgewürz.

Platz für deine weiteren Notizen

- Ursula Kopp: **Kräutergärten anlegen und pflegen**
- Robert Koch: **Gärtnern auf der Fensterbank**
- Gabriele Bickel: **Geschenke aus dem Kräutergarten**
- Lesley Bremness: **Handbuch Kräuter**
- Philippe Chavanne: **Permakultur auf Balkon & Terrasse.** Gemüse nachhaltig und giftfrei anbauen
- Ursula Kopp: **Alles Bio vom Balkon.** Obst, Gemüse und Kräuter selber ziehen
- Larena Lambert: **Essbare Kräuter und Wildpflanzen**
- Sandra Lefrançois: **Giftfrei gärtnern.** Die besten Methoden und Tipps für einen naturnahen Garten ohne Chemie
- Ursula Kopp: **Die schönsten Pflanzen für Bienen und Hummeln**
- Eva Goris & Claus-Peter Hutter: **Wunderwelt Biogarten.** Glücklich und nachhaltig gärtnern – Monat für Monat
- Michel Luchesi: **Wilde Ernte aus dem Wald,** 40 essbare Pflanzen – einfache Bestimmung, kompaktes Wissen und leckere Rezepte
- Maren Bustorf-Hirsch: **Selbstversorgung aus dem eigenen Anbau**
- Manfred Lucenz & Klaus Bender: **Ein Garten ist niemals fertig**

KRÄUTER

Saatgut & Pflanzen

- **www.bingenheimersaatgut.de**
  ➔ Ökologisches Saatgut von Gemüse, Kräuter und Blumen
- **www.blumenschule.de**
  ➔ Naturland-Gärtnerei, Duft- und Teepflanzen, Heilpflanzen, Kräuter und Gewürze, Räucherpflanzen, Stauden, Gemüse, Wildobst, Saatgut, Zubehör, Veranstaltungen, Seminare
- **www.bio-kraeuter.de**
  ➔ Bio-Gärtnerei im Allgäu mit großem Kräuter-, Gemüse- und Blumensortiment und Sämereien
- **www.dreschflegel-saatgut.de**
  ➔ Bio-Saatgut: Gemüse, Heil- und Gewürzkräuter, Blumen, alte Arten und Sorten
- **www.helenion.de**
  ➔ 700 Kräuter, Heil-, Tee-, Duft- und Würzpflanzen, Rezepte
- **www.herb-s.de**
  ➔ Bioland-Kräutergärtnerei und Pflanzenversand, Gartenschule
- **www.hof-berggarten.de**
  ➔ Bioland-Gärtnerei, Küchen- und Heilkräuter, Duftpflanzen, Stauden und Sämereien für naturnahe Gärten, Schaugarten
- **www.kraeuterei-oldenburg.de**
  ➔ Bioland-Gärtnerei mit großer Palette an Gewürz-, Duft-, Heil- und Teekräutern, über 400 Arten und Sorten, Schwerpunkt Duftpelargonien
- **www.garten-jan.de**
  ➔ Versandgärtnerei mit großem Kräutersortiment und Raritäten, Gemüse (alte Sorten, v. a. Tomaten), Tees
- **www.kraeuter-und-duftpflanzen.de**
  ➔ 1.300 Kräuterarten und -sorten, Gestaltungstipps und Seminare
- **www.gaissmayer.de**
  ➔ Bioland-Gärtnerei mit über 3 000 Arten und Sorten von Stauden, Kräutern, Duftpflanzen, Raritäten. Pflanzenpakete (nach Farbe, Duft und Gestalt abgestimmt)
- **www.syringa-samen.de**
  ➔ Bio-Gärtnerei mit Duftpflanzen, Duftsträuchern, Kräutern, Blumenwiesen, Blumenzwiebeln, Gemüse. Gartentipps, Schaugarten, Veranstaltungen

REGISTER

R

S

T

U

V

W

Y

Z

IMPRESSUM

ISBN 978-3-8094-4985-0

1. Auflage

Bildnachweis:

Alle Farbzeichnungen wurden von Diana Meier-Soriat, Bremen, für dieses Buch gezeichnet.
Die Farbhintergründe stammen von Shutterstock: Semiletova Hanna, Jaturaporn Chana-Audorn, Irina Krivoruchko, OnFocus und Tashat.

Umschlagüberarbeitung für diese Ausgabe (unter Verwendung des Originalumschlags von Daniela Petrini mit Zeichnungen von Diana Meier-Soriat): Birgit Olbrich

Herstellung dieser Ausgabe: Birgit Olbrich

Projektleitung dieser Ausgabe: Sibylle Lehmann

Die Informationen in diesem Buch sind vom Verlag und dem Autor sorgfältig geprüft, dennoch kann eine Garantie nicht übernommen werden. Eine Haftung des Verlags und seiner Beauftragten sowie des Autors für Personen-, Sach- und Vermögensschäden ist ausgeschlossen.

Alle Angaben in diesem Buch sind sorgfältig geprüft und geben den neuesten Wissensstand bei der Veröffentlichung wieder. Da sich das Wissen aber laufend in rascher Folge weiterentwickelt und vergrößert, muss jeder Anwender prüfen, ob die Angaben nicht durch neuere Erkenntnisse überholt sind. Dazu muss er zum Beispiel Beipackzettel zu Dünge-, Pflanzenschutz- bzw. Pflanzenpflegemitteln lesen und genau befolgen sowie Gebrauchsanweisungen und Gesetze beachten.

Die Blütenfarben sind sortenabhängig, daher können auch Farben auf dem Markt sein, die im Buch nicht genannt werden. Die Blütezeiten sind ebenfalls sortenabhängig, aber auch klima- und standortabhängig. Die angegebenen Wuchshöhen und -breiten der Pflanzen sind Mittelwerte. Sie können je nach Nährstoffgehalt des Bodens variieren. Verschiedene Sorten können deutlich größer oder auch kleiner wachsen als die Art.

Druck und Bindung: Alföldi Nyomda Zrt., Debrecen

Printed in Hungary

FSC
www.fsc.org
MIX
Papier | Fördert gute Waldnutzung
FSC® C010328

Penguin Random House Verlagsgruppe FSC® N001967